スッキリわかる
Python入門
第2版

国本大悟／須藤秋良・著
株式会社フレアリンク・監修

インプレス

● dokopy ご利用上の注意事項

・dokopyは、本書著者の所属企業（株式会社フレアリンク）が運営するサービスです。正式利用にはユーザー登録が必要になります。
・dokopyは新刊販売による収益で維持・運用されているサービスです。古書店やネットオークション等、新刊以外を購入された場合、一部の機能はご利用いただけません。あらかじめご了承ください。
・dokopyでは個人の方による独学での利用を前提に無料プランが提供されています。研修や学校等での利用や商用利用に関する専用プランについては、株式会社フレアリンクへお問い合わせください（専用プランの契約なく、商用利用や研修等による多人数同時アクセスが発生した場合、個人学習者の利用環境を保護するため、予告なくアクセスを制限させていただく場合があります）。
・dokopyへのアクセスは、セキュリティ及び国際プライバシー保護法令上の理由から、日本国内のみに限定しています。海外のネットワークからはご利用いただけません。

インプレスの書籍ホームページ

書籍の新刊や正誤表など最新情報を随時更新しております。

https://book.impress.co.jp/

・本書の内容については正確な記述につとめましたが、著者、株式会社インプレスは本書の内容に一切責任を負いかねますので、あらかじめご了承ください。
・本文中の製品名およびサービス名は、一般に各開発メーカーおよびサービス提供元の商標または登録商標です。なお、本文中には©および®、™は明記していません。

・本書は、「著作権法」によって、著作権者の権利が保護されている著作物です。
・本書の複製権・翻案権・上演権・上映権・譲渡権・公衆送信権（送信可能化権を含む）は著作権者が保有しています。
・本書の一部、あるいは全部において、無断で、著作権法における引用の範囲を超えた転載や剽窃、複写複製、電子的装置への入力を行うと、著作権等の権利侵害となる場合があります。
・また代行業者等の第三者によるスキャニングやデジタル化は、たとえ個人や家庭内の利用であっても著作権法上認められておりませんので、ご注意ください。
・本書の無断複写は、著作権法上の制限事項を除き、禁じられています。本書の複写複製を希望される際は、その都度事前に株式会社インプレスへ連絡して、許諾を得てください。

無許可の複写複製などの著作権侵害を発見、確認されましたら、株式会社インプレスにお知らせください。
株式会社インプレスの問い合わせ先：info@impress.co.jp

まえがき

著者の2人は、研修を通じて多くのエンジニアの学習をお手伝いする中で、「Python の学習を始めるのにお勧めの入門書は？」とよく相談されます。数ある入門書に目を通しましたが、初心者がひとりで学習するには難しすぎるか、逆に簡単すぎて今後につながらないものが多く、Python エンジニアを本気で目指す人の1冊目として自信を持って勧められる本を見つけられずにいました。ないならば作ってしまおうと生まれたのが本書で、次の特長を備えています。

1. 今後に活かせる「基礎」を学べる

Python の利用分野は幅広く、また文法は多岐にわたるため、すべてを1冊の本にまとめることは非常に困難です。そこで、本書では初心者が利用する機会が少ない文法は思い切って割愛しました。プログラミング未経験者が基礎をしっかりと学べ、機械学習や Web アプリケーションといった専門分野の学習に進めることを目指しています。

2. 初心者でも「楽しく」学べる

Python の文法はシンプルでわかりやすいと言われますが、プログラミング初心者にとっては簡単ではありません。本書は、シリーズで好評の親しみやすいイラストと柔らかい文章で仕上げています。初心者がつまずきやすい部分も、楽しくマスターできるでしょう。

3. 「ひとり」でも学べる

筆者は、プログラミング言語学習の難しさは文法ではなく、トラブルシューティングにあると感じています。研修ならエラーが発生しても講師に質問して解決できます。しかし、本での独習ではそうはいきません。そこで本書では、多くの若手エンジニアがよく起こしてしまうエラーやトラブルをできるだけ多く盛り込み、ひとりでも解決できるようにしました。

第2版では、引き続き紹介する文法ルールを厳選し、皆さまの学習タイムパフォーマンスを高めています。その一方で、最小限の文法だけでも実践的なコーディング力を鍛えられるよう、付録としてゲーム開発の総合演習を追加しました。正直なところ、プログラミング初心者の方にとって、初見ではこの演習は難しく感じると思います。しかし、**課題自体の面白さ、やりがい、完成時の達成感には絶対の自信があります！** 演習を通して本書を何度も復習し、ゲームを完成いただけたら著者としてこの上ない喜びです。皆さんの完成報告をお待ちしております。

本書を通じて、読者のみなさまが Python 並びにプログラミングの面白さに出会い、ひいてはエンジニアへの第一歩を踏み出すお手伝いができれば光栄です。

著者

【謝辞】
多くのアドバイスとご支援をいただいた株式会社フレアリンクの中山清喬様、飯田理恵子様、DTP の SeaGrape 様、デザイナーの米倉様、編集の小宮様・片importantly様、イラストを担当してくださった高田様、私に教え方を教えてくれた教え子のみなさん、応援してくれた家族、その他この本に直接的、間接的に関わったすべての皆さまに心より感謝申し上げます。

dokopyの使い方

1　dokopyとは

　dokopyとは、PCやモバイル端末のWebブラウザだけでPythonプログラムの作成と実行ができるクラウドサービスです。開発環境を準備しなくても、今すぐPythonプログラミングを体験できます。dokopyを利用するには、次のURLにアクセスしてください。

※「dokopy」は株式会社フレアリンクが提供するサービスです。「dokopy」に関するご質問につきましては、株式会社フレアリンクへお問い合わせください。

dokopyへのアクセス

https://dokopy.jp

2　dokopyの機能

　dokopyでは、次の操作ができます。

・ソースコードの編集
・実行と実行結果の確認
・本書掲載ソースコードの読み込み（ライブラリ）
・サインイン、ヘルプ

※ 一部機能の利用には、ユーザー登録や購入者登録とサインインが必要です。また、技術的制約により、プログラムの内容によっては実行できない場合があります。

3　困ったときは

　困ったときは、dokopyの画面左下にある⑦をクリックしてヘルプを参照してください。また、メンテナンスなどでサービス停止中の場合は、しばらく時間をあけて再度アクセスしてみてください。

sukkiri.jp について

　sukkiri.jpは、「スッキリわかる入門シリーズ」の著者や製作陣が中心となって運営している本シリーズのWebサイトです。書籍に掲載したコード（一部）がダウンロードできるほか、開発環境の導入手順や操作方法を掲載しています。また、プログラミングの学び方やシリーズに登場するキャラクターたちの秘話、新刊情報など、学び手の皆さんのお役に立てる情報をお届けしています。

『スッキリわかるPython入門 第2版』のページ

https://sukkiri.jp/books/sukkiri_python2

> 最新の情報を確認できるから、安心だね！

column　スッキリわかる入門シリーズ

　本書『スッキリわかるPython入門 第2版』をはじめとした、プログラミング言語の入門シリーズ。今後も新刊予定です。

- 『スッキリわかる Java 入門 実践編』
- 『スッキリわかる SQL 入門 ドリル256問付き！』
- 『スッキリわかるサーブレット＆JSP入門』
- 『スッキリわかるC言語入門』
- 『スッキリわかるPython入門』
- 『スッキリわかるPythonによる機械学習入門』

本書の見方

本書には、理解の助けとなるさまざまな用意があります。押さえるべき重要なポイントや覚えておくと便利なトピックなどを要所要所に楽しいデザインで盛り込みました。読み進める際にぜひ活用してください。

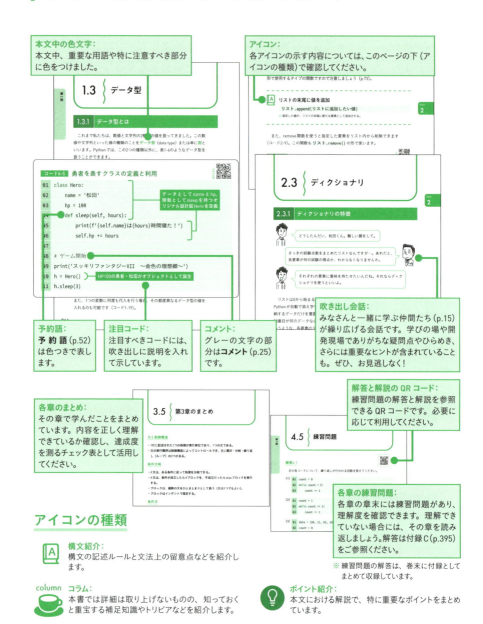

contents 目次

　まえがき ……………………………………………………………………… 003
　dokopyの使い方 …………………………………………………………… 004
　sukkiri.jpについて ………………………………………………………… 005
　本書の見方 …………………………………………………………………… 006

chapter 0　ようこそPythonの世界へ …………………………… 013

- 0.1　ようこそPythonの世界へ ………………………………………… 014
  - 0.1.1　Pythonを使ってできること ………………………………… 014
  - 0.1.2　一緒にPythonを学ぶ仲間たち ……………………………… 015
- 0.2　はじめてのプログラミング ……………………………………… 016
  - 0.2.1　はじめてのプログラミング …………………………………… 016
  - 0.2.2　エラーと上手に付き合おう …………………………………… 018
- 0.3　Pythonプログラミングの基礎知識 …………………………… 021
  - 0.3.1　開発の流れ ……………………………………………………… 021
  - 0.3.2　統合開発環境 …………………………………………………… 023
  - 0.3.3　プログラムの書き方 …………………………………………… 024
  - 0.3.4　プログラミング体験を終えて ………………………………… 026

第 I 部　Pythonの基礎を学ぼう

chapter 1　変数とデータ型 …………………………………………… 033

- 1.1　式と演算 ……………………………………………………………… 034
  - 1.1.1　数値の演算 ……………………………………………………… 034
  - 1.1.2　文字列の演算 …………………………………………………… 036
  - 1.1.3　エスケープシーケンス ………………………………………… 039
  - 1.1.4　ヒアドキュメント ……………………………………………… 040
  - 1.1.5　式と評価 ………………………………………………………… 044
- 1.2　変数 …………………………………………………………………… 048
  - 1.2.1　変数の利用 ……………………………………………………… 048
  - 1.2.2　変数名のルール ………………………………………………… 052
  - 1.2.3　変数の上書き …………………………………………………… 053
  - 1.2.4　まとめて代入（アンパック代入） ……………………………… 056
  - 1.2.5　自分自身への代入 ……………………………………………… 057
  - 1.2.6　複合代入演算子 ………………………………………………… 060
  - 1.2.7　キーボード入力値の代入 ……………………………………… 060
- 1.3　データ型 ……………………………………………………………… 064
  - 1.3.1　データ型とは …………………………………………………… 064
  - 1.3.2　データ型の変換 ………………………………………………… 067
  - 1.3.3　文字列の中に数値を埋め込む ………………………………… 071
  - 1.3.4　f-string ………………………………………………………… 074
- 1.4　第1章のまとめ ……………………………………………………… 077
- 1.5　練習問題 ……………………………………………………………… 078

007

chapter 2　コンテナ ... 079

- 2.1　データの集まり ... 080
  - 2.1.1　変数が持つ不便さ ... 080
- 2.2　リスト ... 082
  - 2.2.1　リストの特徴 ... 082
  - 2.2.2　リストの作成 ... 083
  - 2.2.3　リストの要素を参照 ... 084
  - 2.2.4　リスト要素の合計と要素数の取得 ... 086
  - 2.2.5　リスト要素の追加・削除・変更 ... 088
  - 2.2.6　高度な要素の指定 ... 090
- 2.3　ディクショナリ ... 093
  - 2.3.1　ディクショナリの特徴 ... 093
  - 2.3.2　ディクショナリの作成 ... 094
  - 2.3.3　ディクショナリ要素の参照 ... 095
  - 2.3.4　ディクショナリ要素の追加と変更 ... 096
  - 2.3.5　ディクショナリ要素の削除 ... 097
  - 2.3.6　ディクショナリとリストの比較 ... 098
- 2.4　タプルとセット ... 101
  - 2.4.1　タプル ... 101
  - 2.4.2　セット ... 105
- 2.5　コンテナの応用 ... 108
  - 2.5.1　コンテナの相互変換 ... 108
  - 2.5.2　コンテナのネスト ... 109
  - 2.5.3　集合演算 ... 112
- 2.6　第2章のまとめ ... 116
- 2.7　練習問題 ... 117

chapter 3　条件分岐 ... 119

- 3.1　プログラムの流れ ... 120
  - 3.1.1　文と制御構造 ... 120
- 3.2　条件分岐の基本構造 ... 123
  - 3.2.1　if文 ... 123
  - 3.2.2　ブロックとインデント ... 127
- 3.3　条件式 ... 130
  - 3.3.1　比較演算子 ... 130
  - 3.3.2　in 演算子 ... 131
  - 3.3.3　真偽値 ... 134
  - 3.3.4　論理演算子 ... 136
- 3.4　分岐構文のバリエーション ... 140
  - 3.4.1　3 種類の if 文 ... 140
  - 3.4.2　if-else 構文 ... 140
  - 3.4.3　if のみの構文 ... 141
  - 3.4.4　if-elif 構文 ... 144
  - 3.4.5　if文のネスト ... 146
- 3.5　第3章のまとめ ... 150
- 3.6　練習問題 ... 151

chapter 4 　繰り返し ……………………………………………………………………… 153

- 4.1 　繰り返しの基本構造 ………………………………………………………… 154
  - 4.1.1 　while 文 ………………………………………………………………… 154
  - 4.1.2 　無限ループ ……………………………………………………………… 158
  - 4.1.3 　状態による繰り返し …………………………………………………… 159
  - 4.1.4 　繰り返しによるリストの作成 ………………………………………… 161
  - 4.1.5 　繰り返しによるリスト要素の利用 …………………………………… 162
- 4.2 　for 文 …………………………………………………………………………… 165
  - 4.2.1 　for 文による繰り返し ………………………………………………… 165
  - 4.2.2 　for 文の基本構造 ……………………………………………………… 166
  - 4.2.3 　for 文による決まった回数の繰り返し ……………………………… 167
  - 4.2.4 　while 文と for 文の使い分け ………………………………………… 169
- 4.3 　繰り返しの制御 ……………………………………………………………… 171
  - 4.3.1 　繰り返しの強制終了 …………………………………………………… 171
  - 4.3.2 　繰り返しのスキップ …………………………………………………… 173
  - 4.3.3 　break 文と continue 文 ……………………………………………… 175
- 4.4 　第4章のまとめ ……………………………………………………………… 177
- 4.5 　練習問題 ……………………………………………………………………… 178

第 II 部　Python で部品を組み上げよう

chapter 5 　関数 ………………………………………………………………………… 185

- 5.1 　オリジナルの関数 …………………………………………………………… 186
  - 5.1.1 　関数の必要性とメリット ……………………………………………… 186
  - 5.1.2 　関数を使うための2ステップ ………………………………………… 190
  - 5.1.3 　関数定義と呼び出し …………………………………………………… 192
  - 5.1.4 　ローカル変数と独立性 ………………………………………………… 194
- 5.2 　引数と戻り値 ………………………………………………………………… 197
  - 5.2.1 　引数 ……………………………………………………………………… 197
  - 5.2.2 　複数の引数を渡す ……………………………………………………… 199
  - 5.2.3 　戻り値 …………………………………………………………………… 202
  - 5.2.4 　関数呼び出しの正体 …………………………………………………… 205
  - 5.2.5 　関数の連携 ……………………………………………………………… 207
- 5.3 　関数の応用テクニック ……………………………………………………… 210
  - 5.3.1 　暗黙のタプルによる複数の戻り値 …………………………………… 210
  - 5.3.2 　デフォルト引数 ………………………………………………………… 211
  - 5.3.3 　引数のキーワード指定 ………………………………………………… 214
  - 5.3.4 　可変長引数 ……………………………………………………………… 215
- 5.4 　独立性の破れ ………………………………………………………………… 219
  - 5.4.1 　グローバル変数 ………………………………………………………… 219
  - 5.4.2 　引数と戻り値の存在価値 ……………………………………………… 222
- 5.5 　第5章のまとめ ……………………………………………………………… 224
- 5.6 　練習問題 ……………………………………………………………………… 225

chapter 6　オブジェクト　229

6.1　「値」の正体　230
- 6.1.1　format 関数の謎　230
- 6.1.2　オブジェクトの型　233
- 6.1.3　文字列オブジェクトが持つメソッド　234

6.2　オブジェクトの設計図　236
- 6.2.1　オブジェクトの姿を決定づける設計図　236
- 6.2.2　オリジナルの設計図を作る　239

6.3　オブジェクトの落とし穴　242
- 6.3.1　オブジェクトの identity　242
- 6.3.2　参照　244
- 6.3.3　参照による副作用　247
- 6.3.4　防御的コピー　250
- 6.3.5　不変オブジェクト　252

6.4　第6章のまとめ　258
6.5　練習問題　259

chapter 7　モジュール　261

7.1　部品を使おう　262
- 7.1.1　Python で使える部品たち　262

7.2　組み込み関数　263
- 7.2.1　組み込み関数とは　263
- 7.2.2　ファイル入出力　264

7.3　モジュールの利用　269
- 7.3.1　モジュールとは　269
- 7.3.2　標準ライブラリ　271
- 7.3.3　モジュールの取り込み　271
- 7.3.4　特定の変数や関数だけを取り込む　274
- 7.3.5　ワイルドカードインポート　277
- 7.3.6　モジュール取り込みのまとめ　278

7.4　パッケージの利用　280
- 7.4.1　パッケージとは　280
- 7.4.2　パッケージ内のモジュールを取り込む　281

7.5　外部ライブラリの利用　285
- 7.5.1　外部ライブラリとは　285
- 7.5.2　外部ライブラリの準備　286
- 7.5.3　matplotlib　287
- 7.5.4　requests　290

7.6　第7章のまとめ　293
7.7　練習問題　294

chapter 8　まだまだ広がる Python の世界　297

8.1　Python の可能性　298
- 8.1.1　まだまだ広がる Python の世界　298
- 8.1.2　ルーチンワークの自動化　299

	8.1.3	データベースの操作	300
	8.1.4	ウィンドウアプリケーションの作成	302
	8.1.5	Webアプリケーションの作成	304
	8.1.6	IoTアプリケーションの作成	306
	8.1.7	APIによるチャットボットの利用	309
	8.1.8	データ分析・機械学習	310
8.2		Pythonの基礎を学び終えて	313
	8.2.1	終わりに	313

付録A　エラー解決・虎の巻　　317

A.1	エラーとの上手な付き合い方	318
	A.1.1 エラー解決の3つのコツ	318
	A.1.2 エラーメッセージの読み方	319
	A.1.3 スタックトレース	320
A.2	トラブルシューティング	323
	A.2.1 構文エラーが発生した	323
	A.2.2 実行時エラーが発生した	327
	A.2.3 実行時エラーは出ないが動作がおかしい	336
A.3	例外処理	339
	A.3.1 例外処理とは	339
	A.3.2 エラーの内容に応じて対応する	341

付録B　パズルRPGの製作　　345

B.1	ゲーム開発をしよう！	346
	B.1.1 これまでより大きなプログラムを作ってみよう	346
	B.1.2 2つの開発手法	347
	B.1.3 シーケンス図	348
B.2	ゲームの仕様	351
	B.2.1 ゲームの全体像	351
	B.2.2 ゲームの流れ	353
	B.2.3 パラメータの概要	354
	B.2.4 モンスター基本情報	354
	B.2.5 属性システム	355
	B.2.6 バトルシステム	355
	B.2.7 ダメージルール	357
	B.2.8 開発の流れと全体像	357
B.3	課題1　全体の流れの開発①	359
	B.3.1 課題1のゴール	359
	B.3.2 ソースファイルの作成	360
	B.3.3 main関数とgo_dungeon関数の作成	361
B.4	課題2　全体の流れの開発②	363
	B.4.1 課題2のゴール	363
	B.4.2 シーケンス図の解釈	364
	B.4.3 do_battle関数の作成と呼び出し	366
	B.4.4 main関数に機能を追加	367
B.5	課題3　敵モンスターの実装	368
	B.5.1 課題3のゴール	368

- B.5.2 敵モンスターの作成 ······ 370
- B.5.3 敵モンスターの管理 ······ 371
- B.5.4 バトル処理の改良 ······ 373
- B.5.5 print_monster_name 関数の作成 ······ 374
- B.5.6 カラー表示機能の追加 ······ 377
- B.6 課題4　味方パーティの実装 ······ 379
  - B.6.1 課題 4 のゴール ······ 379
  - B.6.2 味方モンスターの作成 ······ 381
  - B.6.3 organize_party 関数の作成 ······ 382
  - B.6.4 go_dungeon 関数にパーティを渡す ······ 384
  - B.6.5 show_party 関数の作成 ······ 384
  - B.6.6 バトル終了時の判定を追加 ······ 385
- B.7 課題5　バトルの基本的な流れの開発 ······ 387
  - B.7.1 課題 5 のゴール ······ 387
  - B.7.2 ターン管理関数の作成 ······ 388
  - B.7.3 do_battle 関数からの呼び出し ······ 389
  - B.7.4 ダメージ計算関数の作成 ······ 391
  - B.7.5 旅を続けよう ······ 392

付録C　練習問題の解答 ······ 395

索引 ······ 410

column

- スッキリわかる入門シリーズ ······ 005
- Python のバージョンとリリースサイクル ······ 020
- Python の由来 ······ 030
- 円記号とバックスラッシュ ······ 040
- 代入演算子の特殊性 ······ 052
- Python の予約語 ······ 055
- 複数の単語から作る識別子の命名規則 ······ 055
- 暗黙の型変換 ······ 070
- 2つのタイプの関数 ······ 073
- f-string での評価式付き表示 ······ 076
- ディクショナリ要素の順序 ······ 099
- ディクショナリの合計 ······ 100
- コンテナたちの別名 ······ 107
- ディクショナリへの変換 ······ 109
- 1行が1つの文とならない書き方 ······ 122
- チャットボットとAI ······ 127
- 文字列の大小比較 ······ 134
- 範囲指定の条件式 ······ 138
- 真偽値に評価されない条件式 ······ 139
- 空ブロックの作り方 ······ 143
- 論理演算子の名前の由来 ······ 149
- 無限ループを止める方法 ······ 159
- 「空っぽ」を意味する None ······ 207
- ディクショナリを用いた可変長引数 ······ 218
- 関数定義と呼び出しのコーディング ······ 223
- 関数さえオブジェクト ······ 235
- コンテナ変換関数の正体 ······ 238
- 「箱」より「名札」に近い Python の変数 ······ 247
- 捨てられた不変オブジェクトの行方 ······ 257
- 破壊的な関数 ······ 257
- 不変オブジェクトの再利用 ······ 260
- 文字コード ······ 268
- ストリーム ······ 268
- 車輪の再発明 ······ 270
- 組み込み関数の正体 ······ 284
- MicroPython ······ 308
- R言語 ······ 312
- シーケンス図における関数の取捨選択 ······ 377
- 絵文字によるカラー表現の代用 ······ 394
- 三項条件演算子 ······ 399

chapter 0
ようこそ Pythonの世界へ

Pythonの世界への入り口となる第0章では、
はじめてのプログラムを動かすための基礎知識を紹介します。
本書を通じて一緒に学ぶ仲間とともに、
新しい世界へ旅立つ第一歩を踏み出しましょう。

contents

0.1　ようこそPythonの世界へ
0.2　はじめてのプログラミング
0.3　Pythonプログラミングの基礎知識

0.1 ようこそPythonの世界へ

0.1.1 Pythonを使ってできること

Python（パイソン）とは、プログラムを作るために利用するプログラミング言語です。特にデータ分析、AI（機械学習、深層学習）の分野で注目されていますが、ほかにもWebアプリケーション、IoTなど幅広い分野で利用できます。

図0-1　Pythonを使ってできること

その汎用性の高さに加えて、次のような特徴からPythonは人気が高く、現在最も注目されているプログラミング言語の1つです。

- **基本文法がシンプルで学びやすい。**
- **簡潔で読みやすいプログラムを書ける。**
- **便利な命令が豊富に備わっており、すぐに利用できる。**

このような特徴を持つPythonを使ってプログラムを組めるようになりたいと思う人のために、この本は生まれました。はじめてプログラミング言語に触れるという人も、スッキリ理解できて楽しく読み進められるように構成されています。ぜひ実際に手を動かしてプログラミングをしながら、Pythonをマスターしていきましょう。

0.1.2 一緒にPythonを学ぶ仲間たち

この本でみなさんと一緒にPythonを学んでいく3人を紹介しましょう。

工藤 慎平（30）
（株）ミヤビリンク勤務。システム開発部所属。若いながらも、AI・データサイエンスのパイオニアとして社内で一目置かれている。忙しい業務の合間を縫って、松田と浅木の育成を担当する。三度の飯より数学が好きで、語り出すと止まらなくなる。

松田 光太（22）
システム開発部所属の新入社員。大学は文系でプログラミングは未経験。上司から、Pythonが流行っているからとりあえず勉強してこいと言われ、工藤に師事。おっちょこちょいで脳天気だが、根性と体力は人一倍ある。とにかくカレーが大好き。

浅木 薫（24）
マーケティング部門への異動に伴い、データサイエンスの勉強に取り組むことになった新卒3年目。プログラミングは未経験だが、大学時代から機械学習に興味があり独学で勉強している。要領はよいが、しくみの理解を優先して、ときに細部までこだわってしまうことがある。松田とは大学の陸上部でともに活動していた。

図0-2　一緒にPythonを学ぶ仲間たち

0.2 はじめてのプログラミング

0.2.1 はじめてのプログラミング

それでは、さっそくPythonプログラミングを体験してみよう。

はい！

　Pythonのプログラミングを始めるには、開発環境を準備する必要があります。方法はいくつかありますが、本書では、インターネットにつながるPCやスマートフォン、タブレットなどがあれば今すぐPythonプログラミングを体験できるしくみを用意しました。それが「どこでもPython学習環境」、dokopyです。さっそくブラウザを起動して、次のアドレスにアクセスしてみてください。

dokopyにアクセスしてみよう

https://dokopy.jp/
※ dokopyの使い方は、p.4でも紹介しています。

　dokopyにアクセスすると、画面には次のプログラムが表示されます（コード0-1）。

コード0-1　はじめてのPythonプログラム

```
01  print('Hello, World')
```

dokopyの画面右下にある、右向き三角形の▶ボタンをクリックしてプログラムを実行してみましょう。

このプログラムは画面に「Hello, World」という文字列を表示する単純なものですが、現時点でそのしくみを理解する必要はありません。

> このプログラムでこれが表示されるってことは、ひょっとしてここを書き換えれば…。

浅木さんはプログラムを書き替えてみました（コード0-2）。

コード0-2　浅木さんが書き換えたプログラム

```
01  print('浅木薫、がんばります!!')
```

実行結果
浅木薫、がんばります!!

`print` の直後にある `()` の中を書き換えると、表示される内容を変更できました。この `print()` のことを「print関数」と呼びます。関数についてはこれから順を追って解説していきますので、今の段階ではざっくりと、**関数とは命令みたいなもの**だととらえておくとよいでしょう。

print関数を使うと、画面に文字列を表示できますが、Pythonにはほかにもさまざまな関数が用意されています。

0.2.2 エラーと上手に付き合おう

先輩やりますね！ じゃ、僕も…。

松田くんもプログラムを書き換えてみました（コード0-3）。

コード0-3 松田くんが書き換えたプログラム（エラー）

```
01  print('松田くん、かっこいい！　最高！)
```

実行結果
```
  File "/home/fdk/main.py", line 1
    print('松田くん、かっこいい！　最高！)
          ^
SyntaxError: unterminated string literal (detected at line 1)
```

惜しいね。これだと動かないよ。

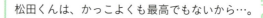

松田くんは、かっこよくも最高でもないから…。

そこは関係ないじゃないですか！　あ、**最高！**の後ろに'がないからかな？

松田くんが気づいたとおり、文字列の最後に'がないため、コード0-3を実行するとエラーが発生してしまいます。

> たったこれだけのことでエラーになっちゃうのね。ミスしないように書けるか、ちょっと心配だな…。

プログラミングにミスはつきものです。どんなにベテランの開発者であってもミスによるエラーの発生からは逃れられません。大事なのは、**エラーを恐れるのではなく、エラーとの上手な付き合い方を身に付ける**ことです。

そのためには、面倒がらずにエラーメッセージをきちんと読めるようになりましょう。Pythonのエラーメッセージの読み方と、よくあるエラーの対処方法を付録（p.317）にまとめてあります。ぜひ活用してください。

> それじゃ、ほかの文字列も表示してみよう。

次のコード0-4を入力して実行してみましょう。このコードは、画面に複数の文字列を表示します。

コード0-4　複数の文字列を表示する

```
01  print('工藤 慎平')
02  print('30歳')
03  print('三度の飯より数学が好き')
```

実行結果

工藤 慎平
30歳
三度の飯より数学が好き

> 1行目の文字列から順番に出てきましたね。

松田くんが言うように、基本的に、プログラムは上から下へと実行されます。以降の章では、dokopyを使ってさまざまなプログラムを動かしていきま

すが、原則として、**プログラムは上に書いた命令から順番に実行されていく**ことを覚えておきましょう。

column Pythonのバージョンとリリースサイクル

　プログラミング言語Pythonは、1991年に誕生して以来、さまざまな機能や構文が追加され、今も進化し続けています。現在はバージョン3系が主に利用されており、年に一度のペースでマイナーバージョンアップを繰り返しています。

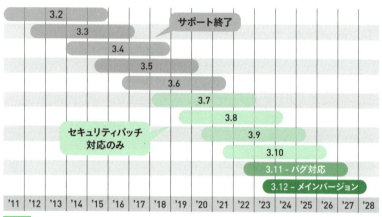

図0-3　Pythonのバージョン遷移

　なお、長く利用されているプログラムやシステムに関わると、バージョン2系のPythonコードに出会う機会もあるかもしれませんが、2系は2020年にサポートが終了しました。現行の3系とは互換性がない部分も多く、そのままでは実行できなかったり、実行できてもエラーが発生したりする可能性もある点に注意が必要です。

　本書ではバージョン3.11～3.12を基本として、3.8以降に対応しています。

0.3 Pythonプログラミングの基礎知識

0.3.1 開発の流れ

はじめてのプログラミング体験はどうだったかな？ 次に、Pythonプログラムを開発する流れを紹介するよ。

　Pythonで作ったプログラムをコンピュータで実行するには、次の手順で行います（図0-4）。ここで、それぞれの内容を詳しく見ていきましょう。

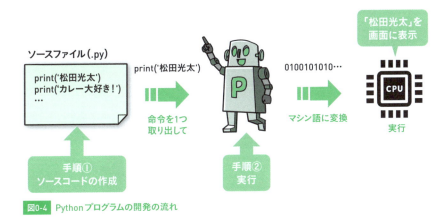

図0-4　Pythonプログラムの開発の流れ

手順①　ソースコードの作成

　Pythonが定める文法に従って、計算などのさまざまな命令を記述していきます。このとき、プログラムは `print('Hello, World')` や `100 + 20` のような人間が読んで意味のわかる状態になっています。このようなプログラムを**ソースコード**（source code）、または単にソースやコードといいます。
　記述したソースコードはファイルとしてコンピュータに保存します。このファイルを**ソースファイル**（source file）といい、Pythonのソースファイル

には「〜.py」という名前を指定するのが習慣となっています。

手順②　実行

　ソースファイルとして保存しただけでは、プログラムを動作させることはできません。なぜなら、コンピュータの心臓部であるCPUは、**マシン語**（machine code）と呼ばれる言語で記述されたプログラムしか実行できないからです。そこで、**Pythonインタプリタ**というソフトウェアを使って、ソースコードをマシン語に変換します。

　Pythonインタプリタは、まずソースコードに文法上の誤りがないかをチェックします。もし誤りがあった場合は、**構文エラー**（SyntaxError）を表示して変換を中止します（コード0-3の実行結果、p.18）。

　文法上の誤りがなければ、ソースファイルに書かれている命令を1つずつマシン語に変換しながら実行していきます（図0-5）。もし命令を実行した際に問題が起こると、そこでもエラーが発生します。Pythonでは実行時に起きたエラーを**例外**（Exception）と呼びますが、Pythonインタプリタは例外が起きたらその内容を表示して実行をストップします。

図0-5　命令は1つずつ実行され、例外が起きたら実行は止まる

2種類のエラー

- 構文エラー（SyntaxError）
  文法の誤りによるエラー。発生したら実行されない。
- 例外（Exception）
  実行時に発生するエラー。発生したら実行は中止される。

0.3.2　統合開発環境

> でも、さっきの体験では、「〜.py」という名前のファイルを作った覚えはないですよ。

> Pythonインタプリタというのも使ってないわよね。

　dokopyを利用している場合、前項で紹介した作業を開発者が行う必要はありません。dokopyの実行ボタンが押されると、開発者に代わってdokopyがその工程を行います。

　このような開発を補助してくれるソフトウェアを**統合開発環境**（IDE：Integrated Development Environment）といいます。統合開発環境は、プログラムの開発に必要なエディタやインタプリタ、プログラムのバグを検出するデバッガなどの多種多様なツール群を1つの画面で利用できるようにしたソフトウェアです。

　統合開発環境を使わない場合は、ソースファイルの作成にはメモ帳などのエディタ機能のあるソフトウェアを利用します。Pythonインタプリタの実行には、ターミナルソフトウェア（Windowsではコマンドプロンプト、macOSやLinuxではターミナルまたは端末）を利用します。

> dokopyを使わなくても、Pythonのプログラムを作ったり実行したりできるんですね。

> でも慣れないうちは、いろいろなソフトウェアを使いこなしながらプログラムを勉強するのは不安だわ…。

　浅木さんのように感じるプログラミング初心者にも学びやすく、効率的に学習できるよう、本書ではすべての章を通してdokopyを使用していきます。なお、dokopyは一般的なIDEとは異なり、学習用の簡単な機能しか提供して

いません。本格的な開発を行う場合は、手元のPCに開発環境を準備しましょう。PythonのIDEとしては、JupyterLabやPyCharmが有名です。

もちろん、学習段階からdokopy以外の環境を利用してもかまわないよ。sukkiri.jp（p.5）では、IDEのインストール手順や最初のプログラム実行までの流れを紹介しているから、必要に応じて参考にしてほしい。

0.3.3 プログラムの書き方

よし、環境は整ったかな。ここからはソースコードを書くコツを紹介するよ。

ソースコードの記述には、意識すべき大切な点が3つあります。

意識①　正確に記述する

　ソースコードには、さまざまな文字や数字、記号が登場します。見た目が似ていても、間違った文字を入力するとプログラムは正常に動作しません。特に、次の点に気をつけましょう。

- 英数字は基本的に半角で入力し、大文字／小文字の違いを意識する。
- o（英字のオー）と0（数字のゼロ）、l（英字のエル）と1（数字のイチ）、;（セミコロン）と:（コロン）、.（ピリオド）と,（カンマ）を間違えない。
- ()（丸カッコ）、{}（波カッコ）、[]（角カッコ）を正確に区別する。
- '（シングルクォーテーション）と"（ダブルクォーテーション）を正確に区別する。
- カッコと引用符は必ず閉じる。

　たとえば、次のように記述するとエラーになります。

```
Print('Hello, World')      ── 関数名のPが大文字
print{'Hello, World'}      ── 波カッコになっている（丸カッコが正しい）
print('Hello, World)       ── 引用符を閉じていない
```

dokopyは、'や(を入力したら、対応する'や)を自動的に書いてくれるよ。

意識②　読みやすいソースコードを記述する

　文法に誤りがなくても、人間が読みにくい煩雑なコードや複雑すぎて内容の理解に時間がかかるコードは、修正や改良が難しくなります。特に業務でプログラムを作成する場合、チームメンバーや取引先にソースコードを見てもらう場面もあるため、誰が見てもわかりやすい記述をするように心がけましょう。

具体的に、どういう工夫をしたら読みやすいソースコードが書けるようになりますか？

いい質問だね。まずはコメントを活用するといいよ。

　コメント（comment）とは、ソースコードの中に書き込める解説文です。プログラムの実行時には無視され、動作にはまったく影響しません。人間が読むためだけに書くものですから、日本語でも記述できます（コード0-5）。

コード0-5　コメントを入れたプログラム

```
01  """
02  自己紹介プログラム
03  作成者：工藤　慎平
04  作成日：20XX年XX月XX日
05  """
```
"""から"""までの複数行のコメント

chapter 0　ようこそPythonの世界へ　　025

```
06
07  # 名前と特技を表示        #から行末までの単一行のコメント
08  print('僕の名前は工藤 慎平')
09  print('三度の飯より数学が好き')
```

コメントは、入れたい行数によって書き方が異なります。

 コメント文（単一行）

```
# コメント本文（行末まで）
```

 コメント文（複数行）

```
"""
コメント本文（複数行の記述が可能）
　︙
"""
```
※ ダブルクォーテーションの代わりにシングルクォーテーションを使用してもよい。

0.3.4 プログラミング体験を終えて

　はじめてのプログラミング体験はここまでですが、もっと複雑で高度なプログラムの作成ももちろん可能です。Pythonといえば、今話題のAIと強く結び付くイメージがあるかもしれませんが、AI以外にもさまざまな分野でPythonのプログラムは動いています。

　たとえば、YouTubeやInstagramの一部にもPythonが使われていますし、ゲームを作ることもできます。みなさんが思いつくプログラムの多くをPythonで開発可能です。ぜひ、「いつか作ってみたいプログラム」を自由に想像してください。それがPythonを学習するための推進力となるでしょう。

「作りたいプログラムがある」のも上達への近道なんだよ。

私は機械学習を学んで、マーケティングの仕事に活かしたいです！

僕は上司に「流行りだから勉強してこい」って言われてきただけで、まだ何も思いつかないや。これじゃあ上達できないかな…。

そんな顔をしなくていいよ。一番大事なのは「楽しむ」ことだ。

　松田くんのように、Pythonを通してプログラミングの勉強をとりあえずやってみたいという理由で本書を手に取った人は、それが立派な目的になります。文法がシンプルなPythonは、プログラミングを最初に学ぶための教育用言語として高く評価されています。マサチューセッツ工科大学やカリフォルニア大学バークレー校をはじめとする多くの名門大学が、プログラミング入門コースの教材にPythonを採用しています。

よし、エラーでも何でもどんとこいだ！　楽しんでやるぞ!!

そうそう、それが松田くんらしくていいね！

　上達への最も手近な方法は「プログラミングを楽しむ」ことです。次の章からいよいよPythonの学習に入っていきます。エラーが出てもガックリせず、楽しみながら学習を進めていきましょう。

本書は2つの部と3つの付録で構成されています。第Ⅰ部では、Pythonを通してプログラミングの基礎を学びます。第Ⅱ部では、より本格的なプログラムを作成するために欠かせないさまざまな部品について学びます。
　付録には、入門者がPythonプログラミングを習得するための手助けとなる道具を用意しました。エラーとの付き合い方に悩んだときには「エラー解

図0-6　学習のロードマップ

決・虎の巻」（p.317）を開いてみてください。また、本書を読み進めるうち、もう少し大きなプログラムを作ってみたくなったら、「パズルRPGの製作」（p.345）に挑戦してみてください。習熟度に応じたステップで、少しずつ開発を進められる構成になっています。

column Pythonの由来

　Pythonは、オランダ人のグイド・ヴァンロッサムによって、1989年のクリスマス前後の暇つぶしとして開発が開始され、1991年に最初のバージョンがリリースされました。Pythonという名前は、グイドが熱烈なファンであったコメディ番組『空飛ぶモンティ・パイソン』に由来します。この英単語は「ニシキヘビ」を意味するため、Pythonのマスコットやアイコンにはヘビがモチーフとして使われています。

第I部

Pythonの基礎を学ぼう

chapter 1 　変数とデータ型
chapter 2 　コンテナ
chapter 3 　条件分岐
chapter 4 　繰り返し

Pythonプログラミングことはじめ

「Pythonを楽しむぞ！」って決めたのはいいけど、知識ゼロなんだよね。

なーに、心配することはないさ。誰だってはじめは知識ゼロからのスタートだ。

そうですよね。でも、まずは何から学べばいいのかしら…。

Pythonの場合は、難しくかまえずに、どんどんコードを書いて、動かして、改造して、また動かして…と、試行錯誤を繰り返すのが近道なんだ。

なるほど…。習うより慣れろ、というスタンスですね。

そうだね。実際に手を動かしながらのほうが、文法やしくみも理解しやすいはずだよ！

さあ、いよいよPythonを学ぶ旅を始めましょう。知識や経験がゼロでも、過去に挫折してしまった経験があっても大丈夫。入門者にやさしいといわれるPythonの基本構文を1つずつ楽しみながら学んでいきましょう。

chapter 1
変数とデータ型

Pythonでは、数値や文字列といったさまざまな種類の値を、
手軽に効率よく扱うことができます。
このような特徴は、データ分析や機械学習の分野で、
Pythonが広く使われている理由の1つともいえるでしょう。
本章では、データ処理の基本である式のしくみと、
変数およびデータ型について説明します。

contents

1.1 式と演算
1.2 変数
1.3 データ型
1.4 第1章のまとめ
1.5 練習問題

1.1 式と演算

それじゃあ、まずはPythonでどのような演算ができるか、見ていこう！

はい！

1.1.1 数値の演算

第0章では、print関数という命令を使って「Hello, World」という文字列を表示しました。実は、このprint関数の()の中には、文字列だけでなく、数値も書くことができます（コード1-1）。

コード1-1 print関数で数値を書く

```
01  print(1)
02  print(10)
```

実行結果
```
1
10
```

数値を書けるということは、計算もできるんですか？　Pythonでいろいろな計算をやってみたいです。

それはPythonの最も得意とするところだよ！ それなら、次は計算の基礎の基礎、足し算と引き算を見てみよう。

コード1-2　加算と減算

```
01  print(1 + 1)
02  print(10 - 2)
```

実行結果
```
2
8
```

　Pythonのコードで、コンピュータに計算をさせるために用いる記号を**演算子**（operator）といいます。特に、コード1-2に登場した + や - などの数値の四則演算（足す・引く・掛ける・割る）をするための演算子を**算術演算子**といい、表1-1の種類が存在します。ぜひ、いくつかの演算子を使って、その動作を確認してみてください。

表1-1 算術演算子の種類

演算子	説明	例	例の実行結果
+	足し算（加算）	print(10 + 10)	20
-	引き算（減算）	print(10 - 1)	9
*	掛け算（乗算）	print(2 * 3)	6
/	割り算（除算）※1	print(7 / 4)	1.75
//	割り算の商※2	print(7 // 4)	1
%	割り算の余り	print(7 % 4)	3
**	べき乗（るい乗）	print(2 ** 3)	8

※1 結果は小数になる。
※2 結果は整数になる。

1.1.2 文字列の演算

じゃあ次に、コード1-1の1行目 `print(1)` を `print('1')` に書き換えて実行してごらん。

特に結果は変わりませんでしたけど…。' 記号で囲んでも囲まなくても、Pythonでは同じなのかな？

松田くんと同様の疑問を感じたみなさんは、続いて、コード1-3を実行してみてください。

コード1-3　文字列の演算

```
01  print('1' + '1')
```

実行結果
```
11
```

あれ？　結果が11って表示されました。どうして？

ふふふ、ヒントは ' 記号で囲んでいることだよ。この謎、解けるかな？

　プログラムのコードに書き込んだ **1** や **25** などの具体的な値のことを、**リテラル**（literal）といいます。特に、コード1-2（p.35）の **1** **10** **2** のように、数字がそのままの姿で書かれたものを**数値リテラル**といい、その名のとおり数値情報として扱われます。整数のほかに、**3.14** のような小数も記述できます。

　一方、シングルクォーテーション（'）またはダブルクォーテーション（"）

で囲んで記述された値は**文字列リテラル**といい、文字情報として扱われます。コード0-1（p.17）に登場した `'Hello, World'` も文字列リテラルだったというわけですね。

 文字列と数値

・数値リテラル
　整数や小数などの数値情報を'記号または"記号で囲まずに記述する。
・文字列リテラル
　文字の並びとしての情報を'記号または"記号で囲んで記述する。

文字列リテラルを囲む記号は、'または"のどちらを使っても意味は同じだよ。ただし、必ず同じ種類の記号で囲む、これがルールだ。

　文字列リテラルの決まりによって、コード1-3に登場した `'1'` は、**数値の1ではなく、文字としての1を意味する**ことがわかります。そしてPythonでは、文字情報に対しても一部の算術演算子を用いることができ、数値情報に対して利用する場合とは異なる動きをします（表1-2）。

表1-2 文字列における算術演算子

演算子	説明	例	例の表示結果
+	文字列の連結（文字列 + 文字列のとき）	print('1' + '1')	11
*	文字列の反復（文字列 * 数値または数値 * 文字列のとき）	print('オラ' * 3)	オラオラオラ

なるほど。これでさっきの11の謎はすべて解けましたよ！

　これを応用すれば、次ページのコード1-4のようなプログラムを記述できます。

コード1-4　文字列の演算の応用

```
01  print('Python' + 'の世界へようこそ')
02  print('Pythonは' + 'とっても' * 3 + '楽しいですよ')
```

01行目 → 文字列の連結
02行目 'とっても' * 3 → 文字列の反復

実行結果

Pythonの世界へようこそ
Pythonはとってもとってもとっても楽しいですよ

数だけじゃなく文字に対しても計算ができるんですね!

　コード1-3では、`print('1' + '1')`の結果が「11」となりました。これは文字である「1」と「1」をつなげた「11」という2文字の文字列であることを意味しています。図1-1に示すように、人間の目から見れば同じ1でも、**プログラムの中では、「数値の1」なのか「文字列の1」なのかを厳密に区別**しています。

こっちは数値
10 や 300 の仲間

こっちは文字列
'A' や 'あ' の仲間

図1-1　数値の1と文字列の1

数値なのか文字列なのか、ちゃんと区別して使い分けなきゃいけないのね。

なお、文字が1文字だけか、2文字以上かで扱いを区別するプログラミング言語も存在しますが、Pythonでは、文字数に関わらずすべてを文字列として扱います。

1.1.3 エスケープシーケンス

文字列リテラルを記述する際にしばしば用いられるのが、**エスケープシーケンス**（escape sequence）と呼ばれる特殊な記号です。これは、表1-3のように、\（バックスラッシュ）とそれに続く文字からなる表記で、それぞれ特殊な文字を意味します。

表1-3 代表的なエスケープシーケンス

表記	意味
\n	改行を表す制御文字
\\	\（バックスラッシュ）
\'	'（シングルクォーテーション）
\"	"（ダブルクォーテーション）

何ですかこれ？　何でこんなものが必要なんですか？

文字列を途中で改行したいとき（コード1-5）や記号を表示したいときに使うんだよ。

コード1-5 文字列の途中で改行する

```
01  print('はじめまして松田です身体を動かすのが好きです')
02  print('はじめまして\n松田です\n身体を動かすのが好きです')
03  print('引用符には、\'と\"があります')
```

実行結果
はじめまして松田です身体を動かすのが好きです

> はじめまして
> 松田です
> 身体を動かすのが好きです
> 引用符には、'と"があります

column 円記号とバックスラッシュ

　本書では、エスケープシーケンスを表す記号として\（バックスラッシュ）を紹介しています。しかし、国内のPCや書籍などでは、¥（円記号）が使われているものを見かけるかもしれません。これは、日本国内でコンピュータが広がり始めた頃、\記号のキーに通貨単位である¥記号が割り当てられた名残りです。
　PCの環境やフォントによっては、\記号を入力すると¥記号が表示される場合もありますが、コンピュータ内部では同じ文字として扱うため問題ありません。ただし、Linuxの一部やmacOSではこの2つを明確に区別しています。¥記号でエラーになるときは、\記号（macOSでは option ＋ ¥ キーで入力）を使ってみてください。

1.1.4　ヒアドキュメント

> エスケープシーケンスが必要なのはわかりましたけど、コードが読みづらいし、こうやって書けばいいんじゃないですか？

　松田くんは、エスケープシーケンスを使う代わりに、次のように記述すればいいのではないかと考えたようです。

```
print('はじめまして
松田です
身体を動かすのが好きです')
```

エスケープシーケンスによる改行（\n）ではなく、コードの中で実際に改行する方法です。しかし、残念ながらこのコードを実行すると次のエラーが発生してしまいます。

```
File "/home/fdk/main.py", line 1
    print('はじめまして
         ^
SyntaxError: unterminated string literal (detected at line 1)
```

Pythonでは、原則としてコードを上から1行ずつ読み込んで解釈し、実行します（p.20）。そのため、松田くんが考えたコードの1行目を読んだPythonは、「print関数が記述されているにもかかわらず、'記号を閉じ忘れている」と考えてエラーを出すのです。

なるほど、エラーになる理由はわかりました。でも、コード1-5の2行目よりも、松田の考えた書き方のほうが見た目のとおりでわかりやすいわ。

そうだね。実は、そんなときに使える構文があるんだ。

改行を含む文字列をそのまま出力したい場合などに便利なのが、**ヒアドキュメント**（here document）です。この構文を使うと、コードに記述したとおりの改行を指示できます（コード1-6）。

コード1-6　ヒアドキュメントの利用

```
01  print('''はじめまして
02  松田です
03  身体を動かすのが好きです''')
```

chapter 1　変数とデータ型　　**041**

> **実行結果**
> はじめまして
> 松田です
> 身体を動かすのが好きです

　ヒアドキュメントとは、三連続の引用符で文字列を囲み、その中に記述した改行などをそのまま解釈させる構文です。改行はもちろん、表1-3（p.39）で紹介した記号を表示したい場合でも、エスケープシーケンスを用いる必要がなくなります。

確かにこれならエラーにならずに動きました！　…ん？　あれ、これってコメント文（p.25）じゃないですか！

　実は、p.26で紹介した複数行のコメント文は、厳密にはコメント文ではなく、ヒアドキュメントの構文です。ヒアドキュメントにprint関数を使えば画面に表示されますが、print関数を使わなければコード中に文字列リテラルを記述しているだけなので、実行しても文字列は表示されません。実行結果に影響しないため、「コメント文にも使える道具」として紹介したというわけです。

なるほど、そんな使い方もあるのね。あら？　見たままを追求してコードを修正したら、余計に改行されちゃった…。

　浅木さんは、より「コードと画面表示の一致」を目指して次のコードを実行しましたが、上下に不自然な改行が現れてしまいました。

コード1-7　さらに改行を追加すると…

```
01  print('''
02  はじめまして
03  松田です
04  身体を動かすのが好きです
05  ''')
```

実行結果

はじめまして
松田です
身体を動かすのが好きです

　ヒアドキュメントの文字列では、コードに書かれた改行がそのまま解釈されます。コード1-7の1行目の行末（`'''` のすぐ右）でも、4行目の行末（**好きです** のすぐ右）でも改行されている点に着目すると、このような実行結果になる理由が理解できるはずです。

そっか、1〜4行目の末尾全部に改行（\n）が隠れているようなものなのね。

でも、先輩のコードは直感的にすごくわかりやすいし、この書き方ができたら便利ですよ。何かいい方法はないんですか？

あるよ。ご要望にお応えして、前後の改行を取り除く方法を紹介しよう。

　ヒアドキュメント文字列の前後の改行を取り除くには、文字列の最後に `.strip()` を書き加えます。

コード1-8　前後の改行を取り除く

```
print('''
はじめまして
松田です
身体を動かすのが好きです
'''.strip())
```

> **実行結果**
> はじめまして
> 松田です
> 身体を動かすのが好きです

　ヒアドキュメントを利用する際にはよく使うテクニックですから、決まり文句として覚えてしまいましょう。

 ヒアドキュメント

```
'''
文字列1
文字列2
    :
'''
```

※ 三連続の引用符の間に記述した、本来エスケープシーケンスを用いて表現する文字は、入力したとおりの文字として解釈される。
※ 三連続の引用符はダブルクォーテーションを使用してもよい。
※ 最後の三連続引用符に `.strip()` を追加すると、前後の改行を除去できる。

1.1.5　式と評価

　さて、この章の最初に、演算子を使って数値情報や文字列情報を計算する方法を紹介しました。特に、コード1-1～コード1-4（p.34～38）でprint関数内に記述した部分は、正式には**式**（expression）といいます。

確かにコード1-2の `10 - 2` なんかは、数式ですもんね。

でも、コード1-4の場合は全然数式っぽくないような…。これも式なんですか？

プログラムの世界でいう「式」は、数学の世界における「式」にたまたま似ているものもありますが、根本的に異なるものです。プログラムの世界では、コードの中に登場する、次のような定義による記述部分を「式」と呼んでいます。

式とは

「計算を指示するための記号」である演算子と、「その演算子によって計算される情報」であるオペランドが並んでいるもの。

　オペランド（operand）とは、「演算子（operator）によって計算されるもの」という意味の言葉で、実際には数値や文字列などの値です。そしてオペランドは多くの場合、演算子の左右に書く決まりになっています。コード1-2の `10 - 2` やコード1-4の `'Python' + 'の世界へようこそ'` は、その決まりに従って書かれている立派な式なのです。

> そして、式に含まれる演算子には、「周囲を巻き添えにして、化ける」という特性があるんだよ。

　Pythonにおけるすべての式は、実際にプログラムとしてその部分が実行されると、「式に含まれる演算子が1つずつ、周囲のオペランドを巻き添えにしながら次々と計算結果に置き換わっていく」処理をされます。そして、最終的に1つの計算結果となります（図1-2）。この式が処理されていく過程のことを、式の**評価**（evaluation）といいます。

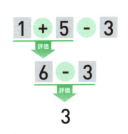

図1-2　式の評価

> 前から1つずつ、順番に評価されていくんだね！

chapter 1　変数とデータ型　　**045**

> でも、コード1-4の2行目は、前から順に評価されていないんじゃない？

　浅木さんは、コード1-4（p.38）の2行目の式は、図1-3のように評価されるのではないかと考えたようです。

'Pythonは' ＋ 'とっても' ＊ 3 ＋ '楽しいですよ'
　　　　評価
'Pythonはとっても' ＊ 3 ＋ '楽しいですよ'
　　　　評価
'PythonはとってもPythonはとってもPythonはとっても' ＋ '楽しいですよ'
　　　　評価
'PythonはとってもPythonはとってもPythonはとっても楽しいですよ'

> この予想は間違いだよ。押しが強くて暑苦しいからってわけじゃないけどね

図1-3　コード1-4（2行目）の式の誤った予想

　図1-3のような実行結果とはならないのは、すべての演算子には**優先順位**が定められているからです。

式の評価と演算子の優先順位

・式に複数の演算子が含まれる場合、優先順位が高いものから順に処理される。
・同じ優先順位の演算子が複数ある場合、左にある演算子から処理される。

　Pythonで利用可能なすべての演算子には優先順位が定められています。その詳細はPythonの公式ドキュメントで説明されていますが、まずは表1-4に

示す3つのレベルを覚えておけば十分でしょう。

表1-4 演算子の優先順位（抜粋）

優先順位	演算子
高	**
中	* / %
低	+ -

「足し算引き算より、掛け算割り算が優先」なのは数学と同じね！

なお、式中の一部を丸カッコで囲むと、その部分の優先順位を最高レベルまで引き上げることもできます（図1-4）。

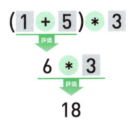

図1-4 優先順位が高い演算子から評価される

1.2 変数

1.2.1 変数の利用

これでいろいろな計算ができるわね。微分や積分もできるのかしら。

いきなり攻めるね。微積はともかく、本格的な計算処理をやっていくには、今までの知識だけじゃちょっと大変だよ。

これまではprint関数の中に計算式を書いていましたが、その計算の結果は、print関数内でのみ有効です。そのため、たとえば何度も同じような計算をする場合には、その都度同じ式を書く必要があります（コード1-9）。

コード1-9　同じ式が何度も登場してしまう

```
01  print('半径が3cmの円の直径は、')
02  print(3 * 2)
03  print('その円の円周の長さは、直径×円周率で求まるため、')
04  print(3 * 2 * 3.14)     直径を再び計算
```

実行結果

半径が3cmの円の直径は、
6
その円の円周の長さは、直径×円周率で求まるため、
18.84

> 直径を求める 3 * 2 を何度も書かなくても、一度求めた直径を保存しておければいいのに。

　Pythonに限らず、一般的なプログラミング言語には、計算結果などの値を一時的に保存したり、必要に応じてあとで取り出したりするための道具として、**変数**（variable）というしくみが準備されています（図1-5）。

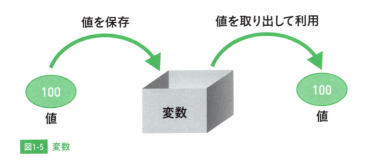

図1-5 変数

　では、変数を利用する例を見てみましょう（コード1-10）。

コード1-10　変数の利用

```
01  name = '松田'        nameという変数を用意して、文字列「松田」を入れる
02  age = 22            ageという変数を用意して、数値22を入れる
03  print(name)         箱の内容を表示
04  print(age)
```

実行結果
```
松田
22
```

　このコードでは、変数nameに **'松田'**、変数ageに **22** という値を入れ、それぞれの変数の内容を表示しています。変数に値を保存することを「**代入**する」、変数の値を取り出して利用することを「**参照**する」ともいいます。

chapter 1　変数とデータ型　**049**

変数の代入

> 変数名 = 値
>
> ※ イコールは、右辺の値を左辺の変数に代入する処理を意味する。

　コンピュータ内に変数を準備して利用可能な状態にすることを、変数を「定義する」といいます。変数を定義するために独自の記述が必要なプログラミング言語もありますが、Pythonでは、まだその変数名が存在しない状態で前述の構文に従って代入を行えば、自動的に変数が定義されます（コード1-10の1行目と2行目）。

　また、変数に代入されている値を参照するには、コードの中でその変数名を記述します。

変数の参照

> 変数名
>
> ※ 変数名を書くだけで、その中身を取り出せる。

> コードに記述した変数名は評価されて、「中身の値」に化けるんだ。`print(age)` は、`print(22)` に変換されるんだよ（コード1-10の4行目）。

　なお、現実世界では「箱に入れたボールを取り出すと、箱の中からはボールがなくなる」のとは違い、変数に入れた値を参照しても、中身はなくなりません。変数の値は繰り返し参照できます。

　それでは、ここまでの知識を使ってコード1-9（p.48）を改善してみましょう（コード1-11）。

コード1-11 変数を利用してコード1-9を改善

```
01  print('半径が3cmの円の直径は、')
02  dia = 3 * 2   # diaはdiameter（直径）の略
03  print(dia)
04  print('その円の円周の長さは、')
05  print(dia * 3.14)
```

- 02行目：計算結果を変数diaに代入
- 03行目：計算結果を利用（参照）
- 05行目：計算結果を再利用（参照）

実行結果
```
半径が3cmの円の直径は、
6
その円の円周の長さは、
18.84
```

　今回の例では、`3 * 2`という簡単な掛け算の重複を回避できただけですが、計算に限らず、データを再利用する場面はたくさんあります。変数はさまざまな処理に役立ちますから、変数を上手に操れるか否かが、最も基礎的かつ重要な鍵といえるでしょう。

> 数学と同じで、変数を上手に使えることが大事なのね。でも…
> `age = 22`を見ると、つい「ageと22は等しい」って思っちゃうのよね。

> Pythonでは、= 記号には「代入する」という意味しかないんだ。数学との違いには気をつけよう。

　代入に使用する=記号を**代入演算子**といいます。「左辺と右辺が等しい」という意味では使用しないので注意してください（「等しい」という意味を持つ記号は別に存在し、第3章で紹介します）。

chapter 1 変数とデータ型　051

column 代入演算子の特殊性

変数に値を代入するために用いられる=演算子は、Pythonに限らず多くのプログラミング言語に存在し、代入演算子と呼ばれています。実は、Pythonの厳密な仕様では、代入構文の一部に用いられる記号として定められており、式を構成する演算子ではありませんが、本書では理解しやすいよう演算子とみなして解説しています。

なお、原則として式中では左の演算子から評価が行われますが（p.46）、代入演算子だけは例外で、「右から評価」されます。また、代入演算子の優先順位は、全演算子の中で最も低く設定されています。

1.2.2 変数名のルール

よし、変数をいろいろ使ってみるぞ!! あれっ…、日本の人口を変数japanに、世界の人口を変数globalに入れようとしたら、エラーが出ちゃった…。

おっと、大切なことを伝え忘れていたよ。

変数などの名前として使う文字や数字の並びのことを**識別子**（identifier）といいます。識別子は原則として自由に決めることができます。nameやageはもちろん、「ゴール数」「標高」「α」などの英数字以外の文字を使った名前も可能ですが、次のようなルールや慣習を覚えておきましょう。

① 予約語は使用できない

Pythonには、識別子として使用できない単語が35個ほどあり、これらは**予約語**（keyword）といいます（p.55）。たとえば、ifやfor、globalやwithなどは予約語であり、これらを変数名として利用することはできません。

② 先頭の文字に数字は指定できない

識別子は数字で始めてはいけません。

③ 先頭にアンダースコアを2つ付けた名前は原則として使用しない

先頭に_記号を2つ付けた名前は、Python自体のために予約された名前であり、特別な用途で使用されます。原則として予約語と同様に利用を避けてください。

④ 大文字／小文字、全角／半角は区別される

大文字／小文字、全角／半角の違いは完全に区別されます。たとえば変数 name と Name は別のものとして扱われます。

⑤ 小文字で始まるわかりやすい名前が望ましい

Pythonでは、変数名には小文字で始まる名詞形の名前を付ける慣習があります。また、その変数に格納される情報の内容を誰もが想像しやすいように、具体的な名前にするのが望ましいでしょう。一部例外はありますが、a や s のような1文字の変数名、data や flag などの抽象的で内容がわかりにくい変数名は避けましょう（本書では紙面の都合により短い変数名を用いることがあります）。

なるほど、globalは予約語だから変数名に使えないんだね。

1.2.3 変数の上書き

変数には値を何度でも代入することができます。変数に値を代入したあと、別の値を代入したらどうなるか見てみましょう（コード1-12）。

コード1-12　変数の上書き

```
01  count = 3          ) ─ 変数countに3を代入
02  print('今日カレーを食べた回数は')
03  print(count)
04  count = 5          ) ─ 今度は変数countに5を代入
05  print('うそ。本当は')
```

06 print(count)

実行結果
今日カレーを食べた回数は
3
うそ。本当は
5

　すでに定義されている変数に代入を行うと、新しい変数が定義されるのではなく、その変数の値を上書きします。つまり、一度使ってもう利用しなくなった変数に、別の値を代入して使い回す（再利用する）ことが可能なのです。

　ただし、変数の再利用には注意すべき落とし穴があります。、コード1-12のように、「カレーを食べた回数」という1種類のデータを入れるために変数countを再利用するのは問題になりにくいのですが、まったく別のデータを代入するために、1つの変数を使い回すのは危険が伴います。

　たとえば、変数xに身長の値を入れて処理をしたあと、次は体重の値を入れて別の処理をするコードも書けます。しかし、このようなコードは、変数xに現在どのような値が入っているかが不明確になり、思わぬ不具合の原因になりやすいものです。原則として**変数の再利用は避ける**ことをおすすめします。

変数は再利用しない
予期せぬ不具合を避けるため、原則として、変数は使い回さない。

p.53で紹介した「具体的な名前を付ける」ことを心がけていれば、自然と変数の再利用は減るはずだ。

そうかもしれないですが、自信ないなあ…。何かいい策はないんですか？

システム的な安全装置じゃないんだが、Python プログラマがよくやる手があるよ。

Pythonでは、中身を絶対に書き換えられたくない変数は、目立つように大文字の変数名を付ける慣習があります（「TAX_RATE」など）。みなさんもこのような大文字の変数名を見かけたら、その変数には代入しないように注意しましょう。

column Pythonの予約語

Pythonの予約語は次のコードで調べることができます。利用するバージョンにより異なる可能性がありますので、一度は確認しておきましょう。

```
01  import keyword
02  print(keyword.kwlist)
```

なお、本書掲載のコードでは、予約語を `global` のように色付きで表します。

column 複数の単語から作る識別子の命名規則

複数の単語をつなげて変数名を作るには、いくつかの方法があります。

- アッパーキャメルケース ：MyAge、UploadData
- ロワーキャメルケース　 ：myAge、uploadData
- スネークケース　　　　 ：my_age、UPLOAD_DATA
- チェインケース　　　　 ：my-age、UPLOAD-DATA

どの方法にも一長一短があり、どれを選ぶかは基本的に開発者の自由ですが、同じ種類の識別子に対して複数の方法を混在させずに統一して用います。なお、Pythonの標準コーディング規約であるPEP8では、変数名にはスネークケースを推奨しています。

1.2.4 まとめて代入(アンパック代入)

> それにしても、変数がたくさん出てくるようになると、それだけでプログラムが長くなっちゃいそうですね。

　たくさんの変数を使いこなすようになってくると、変数への代入だけでたくさんの行を費やす可能性があります。そのため、できるだけソースコードをシンプルに記述したいと思うような場面も出てくるかもしれません。そのようなときは、複数の変数定義を1行にまとめて書くことができます。コード1-13を見てみましょう。

コード1-13　複数の変数をまとめて定義　

```
01  name, age = '浅木', 24
```

　変数と値をそれぞれ,(カンマ)で並べて書き、1つの=記号でまとめて代入します。この代入方法を**アンパック代入**と呼びます(図1-6)。

複数の変数をまとめて定義し、値を代入

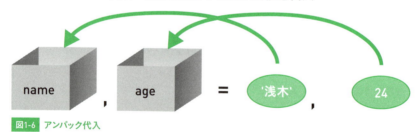

図1-6　アンパック代入

　アンパック代入を用いると、プログラムの行数を減らす効果があります。ただし、あまりに多くの変数定義を1行にまとめると、どの変数にどの値が代入されているのかわかりづらくなったり、変数と値の数が一致せずにエラー(ValueError)が起こりやすくなったりするので注意しましょう。

1.2.5 自分自身への代入

浅木先輩の年齢を予測するプログラムを作ってみましたよ。

いったい何に使うプログラムなんだい。しかも、結果がおかしいじゃないか。

松田くんが作ったプログラムを見てみましょう（コード1-14）。

コード1-14 浅木さんの年齢を予測する

```
01  age = 24
02  print('浅木先輩の今年の年齢は…')
03  print(age)
04  age + 1
05  print('来年は…')
06  print(age)
07  age + 1
08  print('再来年は…')
09  print(age)
```

実行結果
浅木先輩の今年の年齢は…
24
来年は…
24
再来年は…
24

「永遠の24歳」なので問題ありません。

浅木さんにとっては問題ないとしても、コード1-14が世の中の一般的な常識では異常な動作となってしまう原因は、4行目と7行目です。それぞれ `age + 1` と記述されていますが、これは「変数ageの値と1を足す」という処理をしただけです。その計算結果はどこにも保存されずにその場で消えてしまいます。もちろん変数ageの内容は書き換わりません。

松田くんの意図どおりに変数ageの値を増やすには、この2箇所を次のコード1-15のように修正します。

コード1-15 浅木さんの年齢を予測する（修正版）

```
01  age = 24
02  print('浅木先輩の今年の年齢は…')
03  print(age)
04  age = age + 1        変数ageの内容（24）に
                         1を加えた結果を変数ageに代入
05  print('来年は…')
06  print(age)
07  age = age + 1        変数ageの内容（25）に
                         1を加えた結果を変数ageに代入
08  print('再来年は…')
09  print(age)
```

実行結果

浅木先輩の今年の年齢は…
24
来年は…
25
再来年は…
26

よかった！ 先輩も普通の人間だったんですね。

もう、人の年齢で遊ばないでよね。それより age = age + 1 っていう書き方、すごく気持ち悪いんですけど…。

　この数式に独特の違和感を持つ人も少なくないでしょう。しかし、これまでに登場した次の3つのルールを思い出しながらゆっくり整理していけば、きっとスッキリ納得できるはずです。

- **式は評価され、計算結果に置き換わる**（p.45）。
- **代入演算子は優先順位が一番低く、右から順に評価される**（p.52）。
- **変数名は中身の値に評価される**（p.50）。

　これらのルールを踏まえると、age = age + 1 は図1-7のように処理されます。

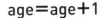

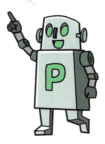

図1-7　式「age = age + 1」の評価過程

なるほど。ここでも Python は「評価」っていうシンプルな原理に従って動いてるのね。

1.2.6 複合代入演算子

前項の `age = age + 1` のように、ある変数に格納されている値を使って計算したい場面はよくあります。たとえば、変数priceの中身を1.5倍にする場合、`price = price * 1.5` と記述すればよいでしょう。

このように、「変数の現在の値に加減乗除する」には、次のコード1-16のように書くことも可能です。

コード1-16　変数の現在の値に加減乗除する

```
01  age = 24
02  age += 1           ）「age = age + 1」と同じ
03
04  price = 2600
05  price *= 1.5       ）「price = price * 1.5」と同じ
```

コード1-16のように、算術演算子と代入演算子を組み合わせた演算子を**複合代入演算子**といいます。Pythonでは、表1-5のものを利用できます。

表1-5　主な複合代入演算子

演算子	説明
+=	右辺の値と左辺の変数の値を足し算して変数に代入
-=	右辺の値と左辺の変数の値を引き算して変数に代入
*=	右辺の値と左辺の変数の値を掛け算して変数に代入
/=	右辺の値と左辺の変数の値を割り算して変数に代入

1.2.7 キーボード入力値の代入

おめでとう。変数については、ここまで理解できればまずは合格と言っていいだろう。ここからは、ちょっと「楽しい代入」を紹介しよう。

これまで私たちは、コード内に記述した値だけを変数に代入してきました。しかし、次の構文を使うと、「プログラムの実行時にユーザーが入力した値」を変数に代入できます。

 キーボードから入力した値を変数に代入

```
変数名 = input(文字列)
```
※ 文字列には、ユーザーに入力を促すメッセージなどを記述する。

この構文の右辺に使われているのは、**input関数**というPythonの代表的な命令です。この命令は、実行されるとカッコ内に指定された文字列を画面に表示して、ユーザーのキーボード入力を待ちます。そして、いざ入力があると、`input(文字列)`の部分が入力内容に「化ける」という動きをします。

 ちなみに「化ける」とあるように、命令実行も実は「評価」なんだ。

少し複雑な動作をする関数ですが、まずは理屈抜きで次のコード1-17を実行してみましょう。実際の体験が納得への近道です。

コード1-17 キーボードから値を入力する

```
01  name = input('あなたの名前を入力してください >>')
02  print('おお' + name + 'よ、そなたがくるのを待っておったぞ！')
```

実行結果

```
あなたの名前を入力してください >>
```

chapter 1 変数とデータ型　　**061**

あら？1行しか出てこないですね。止まっちゃったのかしら？

まずinput関数のカッコの中に指定された文字列が表示され、あたかも実行が止まっているかのように見えます。しかし、プログラムの実行が止まったわけではなく、ユーザーがキーボードから何か入力してくれるのを待ち続けているのです。

試しに、適当に文字列を入力して、Enter キーを押してごらん。

実行結果の続き

あなたの名前を入力してください >>浅木
おお浅木よ、そなたがくるのを待っておったぞ！

すごい！　プログラムと対話してるみたい！

工藤さん、さっそくinput関数を使って、割り勘計算プログラムを作りました！これで、来週末の合コンはモテモテだ〜♪

松田くんの作ったプログラムを見てみましょう（コード1-18）。

コード1-18 割り勘計算プログラム

```
01  price = input('料金を入力 >>')
02  number = input('人数を入力 >>')
03  payment = price / number
04  print('お支払いは' + payment + '円です')
```

062

見ててくださいよー。15,000円を4人で分けて…っと。

実行結果

```
料金を入力 >>15000
人数を入力 >>4
Traceback (most recent call last):
  File "/home/fdk/main.py", line 3, in <module>
    payment = price / number
              ~~~~~~^~~~~~~~
TypeError: unsupported operand type(s) for /: 'str' and 'str'
```

- payment = price / number → **TypeErrorが発生した行**
- **エラーの原因**

あれ？ TypeError…。何だこれは!?

Typeというのは「データ型」のことだよ。「データ型」は、変数を使いこなすためには絶対に欠かせないんだ。次節からは、この「データ型」について紹介しよう。

とほほ、モテモテへの道は、まだ遠いか…。

chapter 1 変数とデータ型　063

1.3 データ型

1.3.1 データ型とは

これまで私たちは、数値と文字列の2種類の値を扱ってきました。この数値や文字列といった値の種類のことを**データ型**(data type)または単に**型**といいます。Pythonでは、この2つの種類以外に、表1-6のようなデータ型を扱うことができます。

表1-6 主なデータ型

データ型の名称	説明	例
int	整数	100　-100
float	小数	3.14　-0.5
str	文字列	"Hello"　'カレー'
bool	真偽値	True　False

これまで「数値」と呼んでいたけれど、正確には「整数」と「小数」の2種類に分かれるのね。

整数と小数と文字列は今まで使ってきましたね。あとは真偽値？　何ですかこれは？

真偽値に関しては第3章で説明するから、今は気にしなくていいよ。

Pythonの変数には、どのようなデータ型の値でも代入できます（図1-8）。また、1つの変数に何度も代入を行う場合、その都度異なるデータ型の値を入れるのも可能です（コード1-19）。

コード1-19 変数には異なるデータ型の値を代入できる

```
01  x = '松田'     # 名前        ← str型の値を代入
02  print(x)
03  x = 23         # 年齢        ← int型の値を代入
04  print(x)
05  x = 175.6      # 身長        ← float型の値を代入
06  print(x)
```

実行結果

```
松田
23
175.6
```

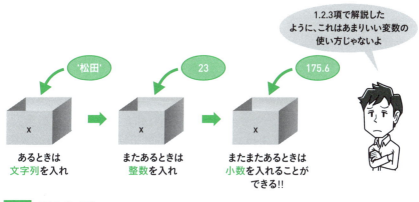

図1-8 変数とデータ型

　プログラミング言語によっては、変数を定義する際に、変数自体の型を決める必要があります。たとえばJavaでは、int型の変数ageを定義した場合には、int型の値しか代入できなくなります。不便に感じるかもしれませんが、変数ageに文字列などのint型以外の値が格納されてしまう可能性は万が一にもありませんので、安心して計算に使うことができます。

　一方、Pythonの場合、変数自体に型の定めはなく、どのような種類の値でも格納できます。便利な反面、どのような型の情報が格納されているかが

わからなくなったり、期待している種類とは異なる型の値が格納されてしまったりすることもあります。

> **値と変数とデータ型**
>
> 値にはデータ型の定めがあるが、変数はデータ型を持たない。

そこで利用されるのが、**type関数**というPythonが備える命令です。この命令は、ある変数にどのような型の値が格納されているかを調べることができます（コード1-20）。

コード1-20 格納されている値のデータ型を調べる

```
01  x = 10
02  print(type(x))
```
→ 変数xに格納されている値のデータ型を調べて表示

実行結果
```
<class 'int'>
```

実行結果を見ると「int」と出力されています。つまり、変数xには、現在、int型（整数）の値が代入されているとわかります。

> 地味だけど、データ型の確認はトラブルシューティングを行ううえで重要になっていくから、しっかり覚えておこう。

type関数

type(変数名)

※ 変数に代入されている値のデータ型を調べる。
※ print関数内で使用すると、調べた結果を表示できる。

type関数を使って、松田くんの割り勘計算プログラム（コード1-18、p.62）の問題点を探ってみましょう。まずはキーボードから入力された値のデータ型を調べてみます（コード1-21）。

コード1-21　割り勘計算プログラムの問題点

```
01  price = input('料金を入力 >>')
02  print(type(price))
```

実行結果
料金を入力 >>15000
<class 'str'>

> ああっ！　文字列になってる！　だから、割り算ができなかったのか。

input関数でキーボードから入力した値は、文字列として扱われます。 たとえば、10と入力しても変数に代入されるのは文字列の「10」です。文字列の値は、四則演算に用いることができないため、エラーが発生していたのです。

> じゃあキーボードから入力した値は計算に使えないんですか？

> それだと困るだろう？　そんなときは、データ型を変換すれば大丈夫なんだ。

1.3.2　データ型の変換

　Pythonには、ある値のデータ型を別のデータ型に変換するために、次ページの表1-7のような関数が準備されています。

表1-7 データ型変換のための命令

関数名	例	説明
int 関数	int(x)	変数 x の値を整数に変換（x が小数の場合は小数点以下を切り捨て。数値として解釈できない文字列の場合はエラー）
float 関数	float(x)	変数 x の値を小数に変換（数値として解釈できない文字列の場合はエラー）
str 関数	str(x)	変数 x の値を文字列に変換
bool 関数	bool(x)	変数 x の値を真偽値に変換

データ型を変換する例を見てみましょう（コード1-22）。

コード1-22　データ型の変換

```
01  x = 3.14
02  y = int(x)          変数xの値をint型（整数）に変換した結果を変数yに代入
03  print(y)            # 変換結果を表示
04  print(type(y))      # 変換後のデータ型を表示
05  z = str(x)          変数xの値をstr型（文字列）に変換した結果を変数zに代入
06  print(z)            # 変換結果を表示
07  print(type(z))      # 変換後のデータ型を表示
08  print(z * 2)
```

実行結果

```
3                 int型に変換したので、小数点以下が切り捨てられる
<class 'int'>
3.14
<class 'str'>
3.143.14          文字列なので、「*」で「3.14」が反復される
```

　データ型によって、できることとできないことに違いがあります。たとえば、**int型はstr型のように+演算子による連結ができません**し、**str型は四則演算ができません**。また、同じ演算子を使っていても、データ型によって結果が異なる場合もあります。たとえば、*演算子は整数や小数に用いると掛け算になり、文字列に用いれば反復（p.37）になります。

現在取り扱っている値のデータ型をしっかり把握し、必要に応じて変換することで、必要な処理を行えるようになるのです（図1-9）。

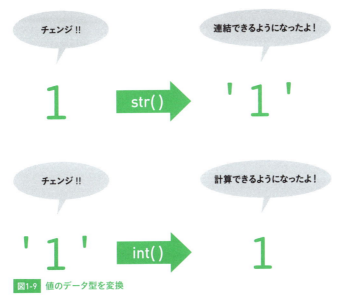

図1-9 値のデータ型を変換

ということは、僕の割り勘計算プログラムは、こうすればいいんですね！

コード1-23 割り勘計算プログラムの修正（未完成）

```
01  price = input('料金を入力 >>')      # キーボード入力結果はstr型
02  price = int(price)                    strからintへ変換
03  number = input('人数を入力 >>')     # キーボード入力結果はstr型
04  number = int(number)                  strからintへ変換
05  payment = price / number              # 割り算の結果はfloat型
06  payment = int(payment)                floatからintへ変換（小数点以下切り捨て）
07  print('お支払いは' + payment + '円です')
```

実行結果

料金を入力>>15000

```
人数を入力>>4
Traceback (most recent call last):
  File "/home/fdk/main.py", line 7, in <module>
    print('お支払いは' + payment + '円です')
          ~~~~~~~~~^~~~~~~~~~
TypeError: can only concatenate str (not "int") to str
```

> エラーが発生した行
> （5行目の割り算では発生していない）

> 惜しい。もう1箇所「型の変換」が必要な場所があるんだ。エラーメッセージをよく見てごらん。

> はっ！ まさか、コレですか!?

コード1-23の直すべき場所を想像できたでしょうか。正解は7行目です。

```
07  print('お支払いは' + str(payment) + '円です')
```

　文字列と数値とを+演算子で連結できるプログラミング言語も存在しますが、Pythonの場合はできません。**演算は、文字列同士か数値同士で**。それが原則です。

---

column

暗黙の型変換

　代入や演算に際して、自動的に型変換が行われるしくみを**暗黙の型変換**といいます。Pythonでは数値（整数や小数）と文字列の間では暗黙の型変換が行われないため、str関数などで**明示的な型変換**を行う必要があることは、本文で紹介したとおりです。

　なお、Pythonでも、オペランドが「整数と小数の数値同士の組み合わせ」の場合だけは、暗黙の型変換により小数に揃えてから演算します（例：`1 + 2.2` → `1.0 + 2.2` → `3.2`）。

1.3.3 文字列の中に数値を埋め込む

工藤さん、変数を使って自己紹介を書いてみたんですが、コードが読みにくくって…。

　数値は数値同士、文字列は文字列同士でしか演算ができないという原則は、頭では理解できても、実際にプログラムを作成しようとすると面倒だと感じる人もいるでしょう。たとえば、次のように文字列の中に数値を埋め込むプログラムでは、ソースコードが少々読みにくくなってしまいます（コード1-24）。

コード1-24　文字列に数値を埋め込む

```
01  name = '松田光太'
02  age = 23
03  height = 175.6
04  print('私の名前は' + name + 'で、年齢は' + str(age) +
          '歳で、身長は' + str(height) + 'cmです')
```

実行結果
私の名前は松田光太で、年齢は23歳で、身長は175.6cmです

うーん、確かに型の変換や + がいっぱいで見にくいわね…。

よし、とっておきの便利な命令を紹介しよう！

　コード1-24は、次ページのコード1-25のように書き換えることができます。

コード1-25 format関数で文字列に数値を埋め込む

```
01  name = '松田光太'
02  age = 23
03  height = 175.6
04  print('私の名前は{}で、年齢は{}歳で、身長は{}cmです'
          .format(name, age, height))
```

埋め込む値 / 値を埋め込む場所

実行結果

私の名前は松田光太で、年齢は23歳で、身長は175.6cmです

こっちのほうが、断然見やすいですね！

コード1-25の4行目では、図1-10のような処理が行われています。

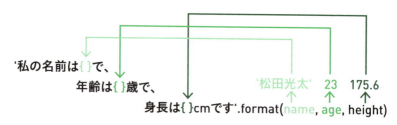

順番に値を埋め込むよ

図1-10 format関数の利用

これは、次の**format関数**の構文を活用したエレガントな表記によって実現しています。

文字列の中に値を埋め込む

```
'{}を含む文字列'.format(埋め込む値1, 埋め込む値2, …)
```

※ 文字列中の値を埋め込みたい場所に波カッコを書く（複数可）。
※ formatの丸カッコの間に、埋め込みたい値をカンマ区切りで順番に並べる。

文字列の中に記述した{}を、**プレースホルダー**といいます。formatの丸カッコの中に並べた値は、左から順番にプレースホルダーに埋め込まれていきます（図1-10）。このとき、値は自動的に文字列型に変換されます。すべての値を埋め込み終わると、この構文全体が1つの文字列に化けます。

column 2つのタイプの関数

　この章では、print関数、input関数、type関数、そしてformat関数など、たくさんの命令を紹介しましたが、最後のformat関数だけは使い方が少し異なることに気づいた人もいるでしょう。
　Pythonは私たち開発者のために、ほかにもたくさんの関数を準備してくれていますが、実は呼び出し方の違いによって、2つのタイプに分類できます。

① **関数名（〜）で呼び出すもの（例：print関数、input関数）**
② **値.関数名（〜）で呼び出すもの（例：format関数）**

　どちらの呼び出し方をするかは関数によって決まっていますが、現時点では、Pythonの関数には2つのタイプがあると理解しておけば十分です。詳細は第6章で紹介します。

よし！　これで割り勘計算プログラムが完成したぞ!!

割り勘計算プログラムの完成版を見てみましょう（コード1-26）。

コード1-26　割り勘計算プログラム（完成版）

```
01  price = int(input('料金を入力 >>'))
02  number = int(input('人数を入力 >>'))
03  payment = int(price / number)
04  print('お支払いは{}円です'.format(payment))
```

実行結果

料金を入力 >>15000

人数を入力 >>4

お支払いは3750円です

うん。今まで学習したことをうまく融合させているね！

1.3.4　f-string

前項では、format関数を使って文字列の中に値を埋め込む方法を紹介しました。この方法は長らく使われてきましたが、Python3.6から、さらに簡潔な書き方も可能になりました。

むしろ現在は、これから紹介する方法が主流だよ。

コード1-25（p.72）は、次のように書き換えられます。

コード1-27　f-stringで文字列に数値を埋め込む

```
01  name = '松田光太'
02  age = 23
```

```
03  height = 175.6
04  print(f'私の名前は{name}で、年齢は{age}歳で、
            身長は{height}cmです')
```

さっきよりもさらに見やすくなった…！

　このコードでは、f-string という特別な書き方によって文字列中に変数の値を埋め込んでいます。

f-string

f'{ }を含む文字列'

※ 文字列中の値を埋め込みたい場所に波カッコを書く（複数可）。
※ 波カッコの中には式や関数も記述できる。
※ 文字列中に引用符を使いたい場合は、別の引用符で囲む必要がある。

　文字列の直前に f を付けると、Pythonはf-stringとして処理してくれます。数値が格納された変数名を{}の中に直接指定でき、より直感的に理解しやすいコードを書けます。
　また、{}の中には式や関数も記述でき、実行するとその評価結果が埋め込まれます。たとえば、さきほどのコードで身長をメートル単位で表示したいときは、次のように式を記述します。

```
print(f'私の名前は{name}で、年齢は{age}歳で、
        身長は{height / 100}mです')
```

なお、この構文は、少し古いPython（2015年にリリースされた3.5以前のバージョン）では利用できないんだ。長く使われているシステムの保守をする場面などでは注意が必要だ。

chapter 1　変数とデータ型

column f-stringでの評価式付き表示

Python3.8からは、f-stringの{}に式を記述する場合、末尾に=記号を付けると式自体も併せて表示できます。

```
hp, maxHp = 80, 100
print(f'{hp} / {maxHp}')          → 80 / 100
print(f'{hp = } / {maxHp = }')    → hp = 80 / maxHp = 100
print(f'{hp / maxHp = }')         → hp / maxHp = 0.8
```

多用する機会はないかもしれませんが、知っておくと、デバッグ時などに便利なテクニックです。

1.4 第1章のまとめ

式と演算子

- プログラムは、さまざまな部分に式を含むことができる。
- 式は、演算子とオペランドによって構成される。
- 算術演算子を使うと、数値の四則計算や文字列の連結を行える。
- 式は実行されると評価され、式に含まれる各演算子が周囲のオペランドを巻き添えにしながら計算結果に置き換わっていく。
- 優先順位が高い演算子から順に、同じ順位の場合は左から評価される（代入演算子のみ右から評価）。

リテラルとデータ型

- プログラム中に書き込まれた具体的な数値や文字列をリテラルという。
- 情報の種類をデータ型といい、int・float・str・boolが代表的である。
- 数値と文字列の組み合わせでは演算できないため、型変換を要する。

変数

- 変数には代入演算子を用いて情報を保存（代入）できる。
- コード中に変数名を記述すると、変数の中の値を利用（参照）できる。
- 変数の命名は原則として自由だが、予約語など注意すべきルールが存在する。
- 複合代入演算子を用いると、変数の値自体を書き換える処理を簡潔に書ける。

1.5 練習問題

練習1-1

次の各式が評価されていく過程と結果を、図1-2（p.45）に準じた形で表記してください。途中でエラーが発生するものは、その箇所で「エラー」と表記してください。

(1) `2 + 10 * 5`
(2) `'7' * (3 + 4)`
(3) `f'version {3 + 2 * 0.1 + 9 * 0.01}'`
(4) `4 * 'num' + '回目のTypeError'`

練習1-2

次の各代入文で代入されたそれぞれの変数に格納されているデータ型を答えてください。なお、変数numにはint型の整数2が格納されているものとします。また、途中でエラーが発生するものはその旨を答えてください。

(1) `var = 35 + num`
(2) `num += '5'`
(3) `GLOBAL = '世界' + str(num) + 'か国'`
(4) `check_code = num * ( 9 / 3 )`

練習1-3

キーボードから身長(cm)と体重(kg)の入力を受け付け、その人のBMIを算出して表示するプログラムを作ってください。なお、BMIとは人の肥満度を表す体格指数で、次の式で求められます。

BMI＝体重(kg)÷身長(m)÷身長(m)

※ 練習問題の解答は、巻末に付録としてまとめて収録しています（以降の章も同様）。

chapter 2
コンテナ

プログラムではさまざまなデータを扱いますが、
関連するデータは個別に扱うより、
まとめて扱うほうが便利な場合が少なくありません。
本章では、データをまとめて扱うしくみである
コンテナの基本を学びます。

contents

- 2.1　データの集まり
- 2.2　リスト
- 2.3　ディクショナリ
- 2.4　タプルとセット
- 2.5　コンテナの応用
- 2.6　第2章のまとめ
- 2.7　練習問題

2.1 データの集まり

2.1.1 変数が持つ不便さ

工藤さん、前章で学んだ変数を使って、この前受けた社内試験の点数を集計するプログラムを作ってみました。我ながらいい出来ですよ！

よくできているね。でも、もっとラクにできる方法があるよ。いい題材だから、改良できるところがないか、考えてみよう。

　第1章では、数値や文字列などを格納して扱う変数のしくみを学びました。変数だけでもプログラムは書けますが、それだけでは少し不便なこともあります。浅木さんが作成した、試験の点数を管理するプログラムで考えてみましょう（コード2-1）。

コード2-1　点数管理プログラム

```
01  network = 88          → ネットワークは88点
02  database = 95         → データベースは95点
03  security = 90         → セキュリティは90点
04  total = network + database + security  → 合計を計算
05  avg = total / 3       → 平均を計算
06  print(f'合計点:{total}')
07  print(f'平均点:{avg}')
```

　一見、問題はなさそうですが、このコードには不便なことが2つあります。

① 試験科目が増えるたびに、コードを修正しなければならない

もし新しい試験科目が増えた場合には、新しい変数を準備して、さらに合計と平均の計算に書き加える必要があります。

② まとめて処理できない

たとえば、点数の高い科目から順に並べて表示するなど、点数に共通の処理を行いたい場合、コードが長く、複雑になってしまいます。

これらの原因は、3つの試験科目の変数を「個々の独立したデータ」として扱っている点にあります。私たち人間は、この3つの変数は「各科目の点数を格納している変数で、合計の算出や並び替えなど、ひと組のものとして処理する場合がある」と無意識に考えています。しかし、コンピュータにとって個々の変数は、「何の関係もないバラバラの箱」でしかなく、ひと組のものとしては扱えないのです。

> 関連するデータだとPythonに伝えたらよさそうですが、そんなことできるんですか？

そこで、ほとんどのプログラミング言語では、「関連するデータをグループにして、まとめて1つの変数として扱える」しくみが用意されています（図2-1）。

図2-1 データをまとめて管理

このようなしくみを**データ構造**（data structure）といい、Pythonでは**コンテナ**（container）または**コレクション**（collection）と呼びます。コンテナにはいくつかの種類があり、「リスト」「ディクショナリ」「タプル」「セット」の4つが代表的です。次節からは、これらのコンテナについて学習していきましょう。

2.2 リスト

2.2.1 リストの特徴

　リスト（list）とは、複数の値を1列に並べて管理するコンテナです。リストに格納されているそれぞれの値を**要素**（element）といい、先頭から順に**添え字**または**インデックス**（index）と呼ばれる管理番号が自動で振られます（図2-2）。

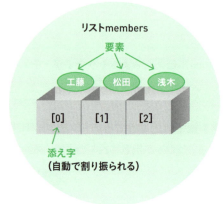

図2-2　リスト

　リストに格納されている値を参照するには、添え字を使って使用する要素を指定します。たとえば、図2-2のようなリストmembersが存在する場合、「membersの0番目」と指定すれば「工藤」を、「membersの2番目」と指定すれば「浅木」を参照できます。
　このように、**添え字は0から始まります**。したがって、添え字の最大値は要素の数よりも1つ少ない数になっています。

添え字は0から始まる

最初の要素を示す添え字は0であり、最後の添え字は要素の数より1つ少ない数になる。

2.2.2 リストの作成

それでは実際に、リストを体験してみましょう。コード2-2は本書に登場する3人の名前を、リストを使ってまとめたものです。

コード2-2 リストを作成して参照

```
01  members = ['工藤', '松田', '浅木']     リストでまとめる
02  print(members)                          リストの内容を表示する
```

実行結果
```
['工藤', '松田', '浅木']
```

1行目の右辺では、**[ ]（角カッコ）の中にカンマ区切り**で値を並べて、3つの値を含んだ1つのリストを生み出しています。そして、左辺の変数membersにリストを代入しています。

リストの定義

変数 = [要素1, 要素2, 要素3, …]

※ 要素には、数値や文字列などを指定できる。

慣れないうちは、リストを変数に代入する様子をイメージしにくいかもしれませんが、次ページの図2-3のように捉えるとよいでしょう。

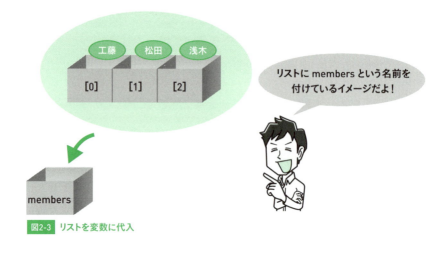

図2-3 リストを変数に代入

　なお、変数が型を持たないように (p.66)、リストにも型の定めはありません。したがって、1つのリストに対して、文字列と数値など、異なるデータ型の値を格納できます。

2.2.3 リストの要素を参照

　リストを代入した変数を参照すると、リスト全体を指し示すことができます。さきほどのコード2-2の2行目では、変数membersをprint関数に引き渡して、リストに格納されているすべての要素をまとめて表示しています。
　もしリスト全体ではなく、リスト内の特定の要素だけを参照したい場合は、変数名の直後に [ ]（角カッコ）で囲んで添え字を記述します。たとえば、先頭の要素だけを表示したい場合には、コード2-3のように指定します。

コード2-3　リストの要素を参照

```
01  members = ['工藤', '松田', '浅木']
02  print(members[0])      0番目の要素だけを参照
```

実行結果
工藤

リストの要素を参照

リスト[添え字]

※ 割り振られていない添え字を指定するとエラーになる。

> あれ？ 前から3つ目にある私の名前を表示しようとしたらエラーになっちゃいました（コード2-4）。

コード2-4　リストの要素を参照（エラー）

```
01  members = ['工藤', '松田', '浅木']
02  print(members[3])   3番（4つ目）の要素は存在しないのでエラー
```

実行結果
```
Traceback (most recent call last):
  File "/home/fdk/main.py", line 2, in <module>
    print(members[3])
          ~~~~~~~^^^
IndexError: list index out of range
```

　浅木さんは、「前から3つ目」という意識に引っ張られて、添え字に3を指定してしまったようです。しかし、**添え字は0から始まる**ことを思い出してください（p.82）。membersに割り振られている添え字は0・1・2であって、3を指定するとエラー（IndexError）が発生します。

> 慣れるまでは本当によくやっちゃうミスなんだ。気をつけよう。

2.2.4 リスト要素の合計と要素数の取得

さっそく、リストを使って社内試験の点数をまとめてみました。あとは合計点と平均点を求めたいんだけど…。

　合計や平均を求めるために、コード2-5のようなコードを思いつく人もいるでしょう。しかし、試験の数が増えていくに従って、totalを求めるために足さなければならない要素が増えていくため、コーディングが大変になってしまうのは想像に難くありません。

コード2-5　試験の合計と平均を求める　

```
01  # ネットワーク、データベース、セキュリティ試験の点数
02  scores = [88, 90, 95]
03  total = scores[0] + scores[1] + scores[2]
04  print(f'合計{total}点')
```

実行結果
合計273点

　Pythonには、リストなどのデータの集まりに対して、合計値を求めるsum関数という命令が準備されています。

 sum関数

sum(リスト)

※ リストのすべての要素を合計した値に置き換わる。
※ 文字列を格納しているリストには使えない。
※ 後述するタプルやセットに対しても使用できる。

sum関数を用いれば、コード2-5はコード2-6のように書き換えられます。

コード2-6 sum関数を用いて合計を求める

```
01  scores = [88, 90, 95]
02  total = sum(scores)     リスト内の全要素の合計を求める
03  print(f'合計{total}点')
```

実行結果
合計273点

これなら試験が増えても大丈夫ですね。

合計のsumがあるなら平均のaverageもあったりして…。

残念ながらaverageという関数はないんだ。でも、工夫すれば簡単に平均を求められるよ。

　リストの平均値は、「要素の合計」を「要素の個数」で割れば算出できます。前者はsum関数で、後者はlen関数で求めることができます。

---

 len関数

　　len(リスト)

　※ リストの要素数に置き換わる。
　※ 後述するディクショナリ、タプル、セットに対しても使用できる。

　それでは、sum関数とlen関数を組み合わせて、リストの合計値と平均値を計算するプログラムを完成させましょう（次ページのコード2-7）。

chapter 2 コンテナ　087

> **コード2-7** リストの合計値と平均値を求める

```
01  scores = [88, 90, 95]
02  total = sum(scores)
03  avg = total / len(scores)      ← リストの要素数を求める
04  print(f'合計{total}点、平均{avg}点')
```

実行結果
合計273点、平均91.0点

2.2.5 リスト要素の追加・削除・変更

次はリストの要素を操作してみよう。まずは追加からだ。

一度定義したリストに要素を追加できます。コード2-8を見てみましょう。

> **コード2-8** リストに要素を追加

```
01  members = ['工藤', '松田', '浅木']
02  members.append('菅原')
03  members.append('湊')         ← リストに要素を追加
04  members.append('朝香')
05  print(members)
```

実行結果
['工藤', '松田', '浅木', '菅原', '湊', '朝香']

append関数を使用すると、指定した要素をリストに追加できます。追加される位置はリストの末尾です。なお、この関数は、**リスト.append()** の

088

形で使用するタイプの関数ですので注意しましょう（p.73）。

 リストの末尾に値を追加

　　リスト.append(リストに追加したい値)

※ 指定した値が、リストの末尾に新たな要素として追加される。

　また、remove関数を使うと指定した要素をリスト内から削除できます（コード2-9）。この関数も **リスト.remove()** の形で使います。

コード2-9　リストから要素を削除

```
01  members = ['工藤', '松田', '浅木']
02  members.remove('松田')   ← リストから要素を削除
03  print(members)
```

実行結果
```
['工藤', '浅木']
```

> あら、私が2番目になった。途中の要素を削除すると、後ろの要素が詰められるのね。

 リストから指定した値を削除

　　リスト.remove(リストから削除したい値)

※ 削除した要素の後ろにある要素は前に詰められる。

> 追加と削除ができたら、最後は変更だね。

chapter 2　コンテナ　　**089**

リスト内の特定の要素の内容を変更するには、添え字を指定して代入します（コード2-10）。

コード2-10　リストの要素を変更

```
01  members = ['工藤', '松田', '浅木']
02  members[0] = '菅原'        ← リストの要素を変更
03  print(members)
```

実行結果
```
['菅原', '松田', '浅木']
```

📖 リストの要素を変更

リスト[変更要素の添え字] = 変更後の値

2.2.6 高度な要素の指定

> リストの基本的な使い方については、こんなもんでいいだろう。あとは、うーん…まあ一応紹介しておくか。

リストの最後に、知っておくと便利な要素の指定方法を2つ紹介します。ここで紹介する内容は、入門段階での習得は必須ではありませんが、余裕のある人はぜひチャレンジしてみてください。

① スライスによる範囲指定

リストで要素を指定する際、**スライス**（slice）という構文を用いると、連続した範囲にある要素を参照できます（コード2-11）。

A スライスによる範囲指定

リスト変数[A:B]

※ 添え字がA以上B未満の要素を参照する部分リストに評価される。
※ A: と指定すると、添え字がA以上のすべての要素を参照する。
※ :B と指定すると、添え字がB未満のすべての要素を参照する。
※ : のみを指定すると、すべての要素を参照する。

コード2-11 スライスによる範囲指定

```
01  a = [10, 20, 30, 40, 50]
02  print(a[1:3])   # 添え字が1以上3未満の要素
03  print(a[2:])    # 添え字が2以上のすべての要素
04  print(a[:3])    # 添え字が3未満のすべての要素
```

実行結果
```
[20, 30]
[30, 40, 50]
[10, 20, 30]
```

② 負の数による指定

　リストの要素は、先頭からだけでなく、末尾からの順序でも指定できます（図2-4）。リストの末尾の要素は添え字-1で参照し、その1つ前の要素は-2で参照します（次ページのコード2-12）。

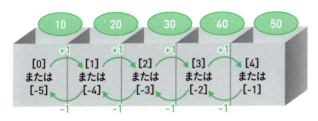

図2-4 負の数による指定

コード2-12 負の数による指定

```
01  a = [10, 20, 30, 40, 50]
02  print(a[-1])      # 末尾の要素を参照
03  print(a[-2])      # 末尾から2番目の要素を参照
```

実行結果
```
50
40
```

2.3 ディクショナリ

2.3.1 ディクショナリの特徴

どうしたんだい、松田くん。難しい顔をして。

さっきの試験点数をまとめたリストなんですが…。あれだと、各要素が何の試験の得点か、わからなくなりませんか。

それぞれの要素に意味を持たせたいんだね。それならディクショナリを使うといいよ。

　リストは0から始まる整数、つまり添え字で要素を管理します。基本的に、Pythonが自動で添え字を割り振るなどの管理をしてくれるので、開発者は格納するデータだけを意識すればよいというメリットがあります。その一方で、「0番目が何のデータなのか？」「使いたいデータは何番目にあるのか？」というような、各要素のデータが持つ具体的な意味合いがわかりにくくなってしまう懸念もあります。

　このような悩みを解決するためには、**ディクショナリ**（dictionary）ともう1つのコンテナでデータを管理しましょう。ディクショナリもリストと同様に、複数のデータをひとまとまりに集めて管理する道具です。しかし、ディクショナリはそれぞれの要素に対して**キー**（key）と呼ばれる見出し情報を付けることができます（図2-5）。

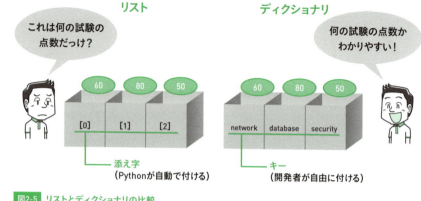

図2-5 リストとディクショナリの比較

2.3.2 ディクショナリの作成

では、ディクショナリを使って試験の点数をまとめてみましょう（コード2-13）。

コード2-13 ディクショナリの作成

```
01  scores = {'network':60, 'database':80, 'security':50}
02  print(scores)
```

01 ディクショナリを作成
02 ディクショナリの全要素を表示

実行結果

```
{'network': 60, 'database': 80, 'security': 50}
```

1行目の右辺で、**{}（波カッコ）の中にカンマ区切り**で値を並べて、ディクショナリを作成しています。リストを作るときとは用いるカッコの種類が異なるので注意しましょう。

また、ディクショナリに格納する各要素を、**キー:値** の形式で指定している点がポイントです。この場合、試験名をキーにして、それぞれのデータが何の試験の点数なのかをわかるようにしています。

ディクショナリの定義

変数 = {キー1:値1, キー2:値2, …}

※ キーと値の対応をコロンで指定する。

なお、各要素に付けるキーは、次のようなルールに従って開発者が自由に決められます。

- キーには、文字列のほか数値型など、さまざまな型のデータを指定できる。
- キーのデータ型は要素ごとに異なってもよい。
- キーの重複も許される（ただし、最後に指定したもの以外は無視される）。

> キーが重なってもエラーにはならないけれど、基本的にキーは「重複不可」と考えるのをおすすめするよ。

2.3.3 ディクショナリ要素の参照

ディクショナリの要素を指定するには、要素に設定したキーを使用します（コード2-14）。

コード2-14 ディクショナリの要素を参照

```
01  scores = {'network':60, 'database':80, 'security':50}
02  print(scores['database'])   ← ディクショナリの要素を指定
```

実行結果
```
80
```

リストよりも直感的でわかりやすいのですが、正しい要素を参照するには、各要素のキーをしっかりと把握しておく必要がありますので注意しましょう。

キーを1文字でも間違うとエラー（KeyError）が発生してしまうから、スペルミスにも注意しよう。

 ディクショナリの要素を指定

ディクショナリ[キー]

※ キーは大文字／小文字を区別する。

2.3.4 ディクショナリ要素の追加と変更

ディクショナリの構造が理解できたら、要素を操作してみよう。

松田くんが60点未満で不合格となったセキュリティの試験を再受験し、かつ、新たにプログラミングの試験も受験したとしましょう。その場合、次のようにディクショナリ要素の追加と変更を行えます（コード2-15）。

コード2-15 ディクショナリの要素の追加と変更

```
01  scores = {'network':60, 'database':80, 'security':50}
02  scores['programming'] = 65     ディクショナリの要素を追加
03  scores['security'] = 55        ディクショナリの要素を変更
04  print(scores)
```

実行結果

{'network': 60, 'database': 80, 'security': 55, 'programming': 65}

> 追加も変更も同じ書き方なんですね。

　指定したキーが、ディクショナリ内の要素にすでに使用されていた場合は変更、使用されていない場合は追加されます。このように、ディクショナリの追加と変更はまったく同じ構文を使います。キーを把握しておかないと、追加したつもりが変更されてしまいますので注意しましょう。

 ディクショナリの要素を追加

　　ディクショナリ［新しいキー］ = 新しい値

 ディクショナリの既存の要素を変更

　　ディクショナリ［変更したい要素のキー］ = 変更後の値

2.3.5 ディクショナリ要素の削除

> うーん。合格する自信がないから、セキュリティの点数は削除したいなあ。

　ディクショナリの要素を削除するには、**del文**という特殊な構文を用います（コード2-16）。

コード2-16 ディクショナリの要素を削除

```
01  scores = {'network':60, 'database':80, 'security':55}
02  del scores['security']       ディクショナリの要素を削除
03  print(scores)
```

実行結果
{'network': 60, 'database': 80}

 ディクショナリの要素を削除

del ディクショナリ[削除したい要素のキー]

2.3.6　ディクショナリとリストの比較

 何だか、ディクショナリってリストより便利ですね。これなら、リストなんていらないんじゃないですか？

そんなことはない。リストのほうが便利な場面もあるよ。

　ディクショナリには人間にとって意味のあるキーを付けられるため、使い勝手がよいと感じる人も少なくないでしょう。一方のリストは、たとえば0番目がどのようなデータなのかわからないというデメリットがありますが、裏を返せば、**0番目がどのようなデータなのか考える必要がない**ともいえます。いちいち自分で要素にキーを振らなくてもよいため、どのようなキーを振ったか覚えておく必要もないのです。

　たとえば、無作為に抽出した10,000件の家賃データの合計や平均を求めるような場面を想像してみましょう。このような場合、10,000個のデータさえあれば目的を達成できるので、リストで十分なのです。もし、ディクショナリに格納するとなると、必要のないキーを10,000個ものデータに設定しなければならず、大変な手間となります。

> うへぇ。10,000個もキーを考えるくらいなら、単純に1から順に振っちゃいそうです…。

> ははは。それならリストの添え字とほぼ同じになるね。

　また、リストの添え字は整数なので、0番目の次は1番目というように、それぞれの要素には順序があります。一方、ディクショナリのキーは任意に割り当てられるため、データの順序を表すことができません。ディクショナリ内の各要素には順序はなく、追加した順にデータが入っているという保証はありません（詳細は下のコラムを参照）。

リストとディクショナリの使いどころ

- 複数のデータを単にまとめて管理したい場合や、順序を持つ複数のデータを管理したい場合にはリストを使う。
- 順序を持たない複数のデータに見出しを付けて管理したい場合には、ディクショナリを使う。

> データの性質に合ったまとめ方を選択する必要があるのね。

column　ディクショナリ要素の順序

　本書では、ディクショナリの特徴として順序を持たないことを紹介しましたが、Python 3.7からは順序性が保証されたため、追加した順に要素を取り出せるようになりました。しかし、Python 3.6以前は順序性が保証されないため、古いソースコードを扱う場合には注意が必要です。

column ディクショナリの合計

　リストと異なり、ディクショナリではsum関数を使用して格納している値の合計を求めることができません。ディクショナリで合計を求めるには、次のように記述します。

```
scores = {'network':60, 'database':80, 'security':50}
total = sum(scores.values())
print(total)
```

　ディクショナリ.values() と記述すると、ディクショナリのキーを除いた、値だけからなる集まり（上記のコードでは60、80、50）を取得できます。この集まりは、本章で紹介するリスト、セット、タプルとも違う、また別の種類のコンテナですが、sum関数を使用できます。

2.4 タプルとセット

Pythonには、リストやディクショナリ以外にもデータをまとめる方法があるんだ。

いっぱいあるんですね…。全部覚えるのは大変そう。

大丈夫。これから紹介するタプルやセットは、利用頻度は低いからポイントだけ押さえていこう。いざ使おうというときに、おさらいしてくれたらいいよ。

2.4.1 タプル

タプル（tuple）とは、リストとほぼ同じ特徴を持つコンテナです。ただし、「要素の追加、変更、削除ができない」性質を持っています。概ね「中身が変更できないリスト」と考えて差し支えありません。構文と次ページのコード2-17を見ながら、タプルの特徴を確認しましょう。

 タプルの定義

> 変数 = (値1, 値2, 値3, …)

※ 要素の追加、変更、削除はできない。

コード2-17 タプルの利用

```
01  scores = (70, 80, 55)
02  print(scores)
03  print(scores[0])        タプルの要素を添え字で指定
04  print(f'要素数は{len(scores)}')
05  print(f'合計は{sum(scores)}')
```

実行結果

```
(70, 80, 55)
70
要素数は3
合計は205
```

タプルはリストと違い、**()（丸カッコ）で定義**します。リストと同様に、各要素には0から始まる添え字が自動で設定されますが、定義後に要素を変更したり、追加したり、削除したりすることはできません。実際、0番目の要素を変更しようとすると、コード2-18のようにエラーとなります。

コード2-18 タプルの要素を変更（エラー）

```
01  scores = (70, 80, 55)
02  scores[0] = 80          タプルの要素を変更
```

実行結果

```
Traceback (most recent call last):
  File "/home/fdk/main.py", line 2, in <module>
    scores[0] = 80
    ~~~~~~^^^

TypeError: 'tuple' object does not support item assignment
```

> うわっ！ 本当にエラーになった。要素が変更できないコンテナを使うメリットなんてあるんですか？

「データを変更できない」という不便さは、**データが書き換えられていないことを保証できる**メリットと表裏一体です。

たとえば、本格的に業務で使用するプログラムともなると、ソースコードは数百〜数千行に及ぶのは珍しくありません。当然、プログラムは複数の人間によって手分けして開発しますが、開発者の数が増えるほど、データをうっかり書き換えてしまうミスを誰かが犯すリスクは増していきます。そのような場合、データをリストではなくタプルで管理すれば、意図しない書き換えによるリスクを抑えられます。

リストとタプルの使いどころ

- 書き換える可能性のある複数のデータを単にまとめて管理したい場合は、リストを使う。
- 書き換える可能性のない複数のデータを単にまとめて管理したい場合は、タプルを使う。

なお、非常によく似ているリストとタプルは、**シーケンス**（sequence）と総称されることもあります。シーケンスに対してはsum関数・len関数などが共通して使えるほか、スライス（p.90）を使って部分シーケンスを取り出したり、+演算子を使ってシーケンス同士を連結したりすることもできます。

> まあ、「書き換えられずに安全なリスト」ってことですね。タプルは楽勝！

> …と言いたいところだが、タプルには特有の使用上の注意点が1つあるんだ。

コンテナではまれに、要素数が1となるデータを扱う場面があります。たとえば、コード2-3（p.84）でメンバーがまだ自分ひとりしかいない場合や、コード2-13（p.94）でまだ1科目しか試験を受けていない場合では、コード2-19のようなコードになるでしょう。

コード2-19　要素数が1つのリストとディクショナリ

```
01  members = ['松田']          # 要素数1のリスト
02  scores = {'network':82}   # 要素数1のディクショナリ
```

1行目のリストmembersと同様の状態をタプルでも試してみましょう（コード2-20）。

コード2-20　要素数1のタプル（のつもり）

```
01  members = ('松田')       # 要素数1のタプルを定義（したつもり）
02  print(type(members))
```
membersの型を調べる

実行結果
```
<class 'str'>
```

あっ、文字列になってる…。何でだろう…。

コード2-20の1行目をよく眺めてみると、「文字列である『松田』を、優先順位を引き上げるための丸カッコ（p.47）で囲んでいる」とも読めます。よって、この式は `members = '松田'` と同じものと解釈され、変数membersに文字列が代入されてしまうのです。

でもこれじゃ、1つしか要素のないタプルを作れないじゃないですか。どうしたらいいんですか？

要素数1のタプルを生成するには、タプル定義に記述する値の後ろにカンマを付けます（コード2-21）。

コード2-21　要素数1のタプル

```
01  members = ('松田', )       # 要素数1のタプルの正しい定義
02  print(type(members))
```

実行結果
```
<class 'tuple'>
```

　実は、Pythonの言語仕様では、タプルを生成する記号は丸カッコではなく、カンマであると定められています。つまり、丸カッコを省略して、`members ='松田', '浅木'`のように記述しても、タプルが作られるのです。

> でも、丸カッコの省略は、何をしているコードなのか紛らわしいからおすすめはしないよ。

2.4.2　セット

　最後に紹介する**セット**（set）もリストと似たコンテナですが、次の4つの点でリストとは異なります。

① **重複した値を格納できない。**
② **添え字やキーの概念がなく、特定の要素に対して代入・参照する方法が存在しない。**
③ **添え字がないため、要素は順序を持たない。**
④ **append関数ではなくadd関数で要素を追加する。**

> 添え字もキーもないなんて…。これ、いったい何のために使うんですか？

　たとえば、「信号の色を挙げてください」と聞かれたら、みなさんはどう答えますか。「赤・黄・青」と答える人がいるかもしれませんし、「赤・青・

黄」と答える人もいるかもしれませんが、どちらも正解です。挙げる順序には意味がないからです。また、信号に同じ色は2回以上登場しませんから、「赤・赤・黄・青」と答える人もいないでしょう。

このように、あるものの「種類」をデータとして管理するような場合に、セットは活躍します。

セットは種類を管理する

セットは順序を持たず、その要素は重複しないため、「種類」の管理に向いている。

> セットはディクショナリと同じ、波カッコで生み出すんだ。もちろんキーは書かないよ。

セットの定義

```
変数 = {値1, 値2, …}
```
※ 重複する値は取り除かれる。

それでは、コード2-22を実行してセットの特徴を確認していきましょう。

コード2-22 セットの利用

```
01  scores = {70, 80, 55, 80}
02  scores.add(80)
03  print(scores)
04  print(f'要素数は{len(scores)}')
05  print(f'合計は{sum(scores)}')
```

実行結果
{80, 70, 55}
要素数は3
合計は205

　まず、セットは重複する値を格納できません（特徴①）。そのため、2行目で80を重複して格納しようと試みていますが、実行結果を見てわかるように80は1つしか格納されていません。

　また、添え字やキーが存在しない（特徴②）ため、たとえば「0番目の要素を表示する」などのように、要素の指定はできません。しかし、3行目のように全要素を丸ごと表示したり、5行目のように全要素の合計値を求めたりするのは可能です。

　さらに、セットの要素には順序がありません（特徴③）。そのため、1行目に記述した順番で格納される保証はなく、事実、3行目の実行結果ではそれとは異なる順で表示されています。

　最後に、セットへの値の追加には、2行目のようにadd関数を使います（特徴④）。リストの場合は要素に順序があるため、「末尾に加える」という意味を持つappend関数を使いました。セットには末尾がないため、単に「加える」という意味で `add()` になっています。

> **column**
>
>
> ## コンテナたちの別名
>
> 本章で紹介した各コンテナは、別の名前で呼ばれることもあります。
>
> **表2-1** コンテナの別名
>
> | 本書で紹介したコンテナ | 別名 | 説明 |
> |---|---|---|
> | リスト | 配列 (array) | ほかのプログラミング言語では「配列」が多い |
> | ディクショナリ | 辞書、マップ (map) | マップは「対応表」を意味する |
> | セット | 集合 | 「集合」も順序がない性質を意味する |
> | タプル | ― | 別名なし |

2.5 コンテナの応用

お疲れさま。ここまでで、主要な4つのコンテナについては基本的な使い方ができるようになったはずだよ。最後にいくつか、応用テクニックを紹介しておこう。

2.5.1 コンテナの相互変換

　この章を通して、私たちは複数のデータをひとまとまりにして取り扱う方法を学びました。特に、データの性質や使い方に合わせて、4つのコンテナを使い分けるのが重要でした。

　本格的なプログラムの開発では、コンテナの使い分けもさることながら、プログラムの実行中に異なる種類のコンテナへと変換する必要に迫られる場面も多くあります。

　そこで、Pythonでは、各コンテナ間での相互変換を可能にするため、表2-2の関数を準備しています。いずれも、**関数名(〜)** の形で呼び出すことができ、引き渡したコンテナを目的のコンテナに変換してくれます（コード2-23）。

表2-2　リスト・タプル・セットへの変換

関数	説明
list 関数	渡されたものをリストに変換する[※1]
tuple 関数	渡されたものをタプルに変換する[※1]
set 関数	渡されたものをセットに変換する[※2]

※1　順序関係がないセットから変換すると順序は保証されない。
※2　重複が許されるリストやタプルからは、重複が排除される。

> **コード2-23** コンテナの相互変換

```
01  scores = {'network':60, 'database':80, 'security':60}
02  members = ['松田', '浅木', '工藤']
03  print(tuple(members))      # リストmembersをタプルに変換して表示
04  print(list(scores))        # scoresのキーをリストに変換して表示
05  print(set(scores.values())) # scoresの値をセットに変換して表示
```

実行結果
```
('松田', '浅木', '工藤')
['network', 'database', 'security']
{80, 60}
```

　なお、`list()` のように、カッコに何も指定せずにこれらの関数を呼び出すと、空のコンテナを作成できます。
　また、これらの関数にディクショナリを渡すとキーだけが使われます。もしディクショナリの値を使ってリストやタプルに変換したい場合は、**ディクショナリ.values()**（p.100）の結果を関数に渡すようにします。

column

ディクショナリへの変換

　ディクショナリへの変換は少し複雑です。ディクショナリはキーと値の2種類の情報をペアで管理するコンテナのため、単一のリストやセットからは変換できません。「キーを格納したリスト」と「値を格納したリスト」の2つが存在する場合、`dict(zip(キーのリスト, 値のリスト))` とすれば1つのディクショナリに変換できます。

2.5.2 コンテナのネスト

　これまで、コンテナには、文字列や数値のデータを格納してきました。し

かし、コンテナの中に別のコンテナを格納することもできます。たとえば、メンバーごとの試験結果を管理したい場合、コード2-24のように、ディクショナリの中にディクショナリを入れた二重構造で管理できます。

コード2-24 ディクショナリの中にディクショナリをネスト

```
01  matsuda_scores = {'network':60, 'database':80, 'security':50}
02  asagi_scores = {'network':80, 'database':75, 'security':92}
03  member_scores = {
04      '松田': matsuda_scores,
05      '浅木': asagi_scores
06  }
```

メンバーごとの趣味一覧を管理したいなら、ディクショナリの中にセットを入れた二重構造が便利です（コード2-25）。

コード2-25 ディクショナリの中にセットをネスト

```
01  member_hobbies = {
02      '松田': {'SNS', '麻雀', '自転車'},
03      '浅木': {'麻雀', '食べ歩き', '数学', '数学', '数学'}
04  }
05  # 全員の趣味一覧を表示する
06  print(member_hobbies)
07  # 松田くんの趣味一覧を表示する
08  print(member_hobbies['松田'])
09  # 浅木さんの趣味一覧を表示する
10  print(member_hobbies['浅木'])
```

数学は1つのみ登録される

実行結果

{'松田': {'自転車', 'SNS', '麻雀'}, '浅木': {'麻雀', '食べ歩き', '数学'}}
{'自転車', 'SNS', '麻雀'}
{'麻雀', '食べ歩き', '数学'}

また、リストの中にリストを入れた構造は特に**2次元リスト**ともいわれ、表の構造を持つデータ管理などに使われます。コード2-26と併せて、図2-6のような構造をイメージしてみてください。

コード2-26 2次元リストの例

```
01  a = [1, 2, 3]
02  b = [4, 5, 6]
03  c = [a, b]      # aを0番目、bを1番目とする2次元リストcを定義
04
05  print(c)        # リストc全体を参照
06  print(c[0])     # リストcの0番目（リストa）だけを参照
07  print(c[1][2])  # リストcの1番目（リストb）の2番目だけを参照
```

実行結果

```
[[1, 2, 3], [4, 5, 6]]
[1, 2, 3]
6
```

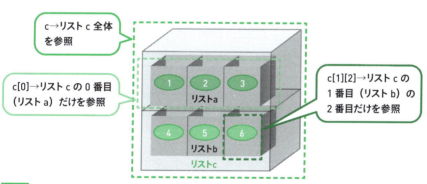

図2-6 2次元リストの構造

二重構造だけではなく、三重構造以上のコンテナも作ることができます。このような多重構造を**ネスト**や**入れ子**といいます。本格的なデータ分析プログラムでは、ネストしたコンテナの活用は欠かせません。

ちなみに、ディクショナリのキーには、タプル以外の3つのコンテナは使えないルールがある。そもそもタプルを使う機会は多くないだろうから、「キーにコンテナは使わない」と覚えておけばいいだろう。

2.5.3 集合演算

最後に紹介するのは、セットだけに与えられた特別な機能だよ。

　順序関係がなく、重複も許されず、添え字もキーもないため要素を指定して値を出し入れできない。そのような特徴を持つセットは、「ほかのコンテナに比べて、イマイチ使えないヤツだ」と感じる人もいるでしょう。
　確かに、特有の不便さもあり、一般的にリストやディクショナリほどの頻度では用いられないセットですが、その特徴ゆえに与えられた特別な機能が**集合演算**です。

しゅうごうえんざん…？　難しいっていう予感しかしないんですけど…。

そんな顔をするほど複雑じゃないから安心していいよ。

　集合演算とは、ある2つのデータの集まりについて、「共通点」や「違い」を探す処理のことです。たとえば、コード2-25（p.110）では、松田くんの趣味を格納したセットである `member_hobbies['松田']` と、浅木さんの趣味を格納したセットである `member_hobbies['浅木']` が登場しました。もしこれらのセットの共通項がわかれば、2人の相性もわかると思いませんか。

Pythonでは、2つのセットの共通項を求める道具として、&演算子があります。次に示す構文を確認して、2人の趣味の共通点を探してみましょう（コード2-27）。

A セットの共通項を求める

セット1 & セット2

※ セット1とセット2の両方に含まれる要素からなるセットに評価される。

コード2-27　2人の共通点を探す

```
01  member_hobbies = {
02      '松田': {'SNS', '麻雀', '自転車'},
03      '浅木': {'麻雀', '食べ歩き', '数学', '数学', '数学'}
04  }
05  common_hobbies = member_hobbies['松田'] & member_hobbies['浅木']
06  # 2人に共通する趣味一覧を表示する
07  print(common_hobbies)
```

実行結果

{'麻雀'}

浅木先輩も麻雀が好きだったんですね！　今度一緒に卓を囲みましょう!!

いいけど、私、勝つまでやめないからね♥

徹マンなら受けて立ちます！

chapter 2　コンテナ　　113

2つのセットの共通項として求められたセットのことを、数学の世界では「積集合」といいます。数学の世界には、ほかにも図2-7に示すような演算方法が存在しますが、Pythonでもそれぞれの集合演算子を用いて簡単に求めることができます。

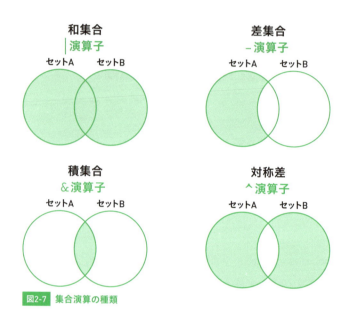

図2-7 集合演算の種類

4つの集合演算が動作する様子を実際のコードで確認してみましょう（コード2-28）。

コード2-28 4つの集合演算

```
01  A = {1, 2, 3, 4}
02  B = {2, 3, 4, 5}
03  print(A | B)    和集合
04  print(A & B)    積集合
05  print(A - B)    差集合
06  print(A ^ B)    対称差
```

実行結果

```
{1, 2, 3, 4, 5}
{2, 3, 4}
{1}
{1, 5}
```

集合演算はデータ分析に役立つよ。興味がある人はぜひマスターしておこう！

2.6 第2章のまとめ

コンテナ

- 複数の値をまとめて扱うコンテナというしくみがある。
- 代表的なコンテナには4つの種類があり、データの特性や管理目的に合わせて適切なコンテナを用いる必要がある。
- コンテナには数値や文字列を混在して格納できる。
- コンテナは、変数と同じく決まったデータ型を持たない。
- リストやタプルで用いる添え字は0から始まる。

特徴	リスト	ディクショナリ	タプル	セット
格納内容	複数の値	複数の「キーと値のペア」	複数の値	複数の値
定義方法	[値1, 値2, …]	{キー1: 値1, キー2:値2, …}	(値1, 値2, …)	{値1, 値2, …}
個別要素の参照	変数名[添え字]	変数名[キー]	変数名[添え字]	困難※
要素の追加	変数名.append(値)	変数名[キー] = 値	×	変数名.add(値)
要素の変更	変数名[添え字] = 値	変数名[キー] = 値	×	困難※
要素の削除	変数名.remove(値)	del 変数名[キー]	×	変数名.remove(値)
要素の順序関係	○	×	○	×
重複値の格納	○	キーは× 値は○	○	×
集合演算	×	×	×	○
len 関数	○	○	○	○
sum 関数	○	×	○	○
スライスの利用	○	×	○	×
+演算子による連結	○	×	○	×

※ キーや添え字を用いた操作は行えない。第4章で紹介する繰り返しによる操作は可能。

2.7 練習問題

練習2-1

　次の各要件のために用いるコンテナとして、一般的に最も妥当と考えられるものを、リスト、セット、ディクショナリから選んでください。ただし、コンテナはネストせず1つのみを利用するものとします。

(1) 47都道府県の「都道府県名と人口」
(2) 解析に用いるための過去28日間分の「1日あたりのWebサイトアクセス数」
(3) 「北」や「南」といった4つの方角
(4) この世に存在する「メジャーなプログラミング言語の名称」(PythonやRubyなど)
(5) ある航空機の200座席の予約状態(0なら空き、1なら予約済み)

練習2-2

　キーボードから国語・算数・理科・社会・英語の5つの試験結果の点数をユーザーに入力してもらい、その合計点と平均点を表示するプログラムを作成してください。なお、各教科の点数については表示する必要はありません。

練習2-3

　次のような仕様の相性診断プログラムを作成してください。

(1) 1人目の趣味を5つ格納したセットを準備する。
(2) 2人目の趣味を5つ格納したセットを準備する。
(3) 「心の準備ができたらEnterキーを押してください」と表示して入力を待つ。
(4) 2人の趣味の「積集合の要素数÷和集合の要素数」を計算し、0〜100%の「相性度」として表示する。

chapter 3
条件分岐

私たちは日常生活の中で、もし晴れていたら外出し、
雨が降っていたら家で寛ぐというように、
さまざまな条件に基づいて行動しています。
プログラムでも同様に、状況に応じて
実行する処理を変化させることができます。
この章では、条件に基づいて処理の流れを制御する方法について
学びましょう。

contents

3.1 プログラムの流れ
3.2 条件分岐の基本構造
3.3 条件式
3.4 分岐構文のバリエーション
3.5 第3章のまとめ
3.6 練習問題

3.1 プログラムの流れ

3.1.1 文と制御構造

　これまでの章では、変数や演算子を使った計算や、print()などの関数を使った命令、コンテナの操作などを紹介してきました。そして、Pythonでそれらの処理を実現するには、図3-1のように1行ごとに記述するのでしたね。

```
name = '松田'
year = 2023 - 23
print(name + 'くんは' + str(year) + '年生まれ')
```

1行に処理を1つ書く

↓

1行＝1つの実行単位＝文

図3-1　1行に1つの処理を書く

　Pythonでは、このような1行の実行単位を文（statement）といいます。これまで登場した文はすべて、プログラムの上から順に1行ずつ実行されていました。実は、条件によって実行する文を変えたり、同じ文を繰り返し実行したり、文の実行順序を変えることができます（図3-2）。

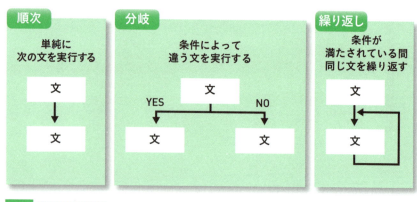

図3-2　代表的な制御構造

> これまで上から順に1行ずつ実行されていたのは、順次という構造だからなんですね。

> そのとおり。特に何も指定しなければ、プログラムは順次の流れによって実行されていくんだ。

　このように、文の実行順をコントロールするプログラムの構成を**制御構造**といいます。そして代表的な構造が図3-2に挙げた**順次・分岐・繰り返し（ループ）**です。

> 実は、この3つの構造だけであらゆるプログラムが作成できるんだよ。

> なるほど！　プログラミングをマスターするには、順次・分岐・繰り返しを覚えれば何とかなるってことですね！

　この3つの制御構造を組み合わせれば、文の実行の流れを自由にコントロールでき、しかも、ありとあらゆるプログラムの作成が可能であると研究で明らかになっています。これを**構造化定理**といいます。

構造化定理

順次・分岐・繰り返しの3つの制御構造を組み合わせれば、どんなに複雑なプログラムでも、理論上作成可能である。

column

1行が1つの文とならない書き方

本文では、1行が実行の単位であり、1つの文であると紹介しましたが、文の終わりに；（セミコロン）を入れると、1行に複数の文を記述できます。

```
name = '松田'; print(f'僕の名前は{name}です')
```

また、1行を複数行に分けて記述するには、\（バックスラッシュ）を行末に記述します。

```
01  n = 1 + 2 \
02  + 3
03  print(f'答えは{n}\
04  改行しても足し算できていますね')
```

単純な処理で用いれば全体のボリュームが下がるなどのメリットもありますが、あまり多用しすぎるとコードが読みにくくなり、バグの温床ともなりかねません。本書では、紙面の都合で用いる場合もありますが、原則として、特に自分が入門レベルであると自覚する間は使わないほうが無難でしょう。

3.2 条件分岐の基本構造

3.2.1 if文

まずは分岐について紹介しよう。松田くん、この前作っていたチャットボットのプログラムを使わせてくれるかな？

松田くんが作ったチャットボットを見てみましょう（コード3-1）。

コード3-1 いつも同じことを言うチャットボット

```
01  name = input('あなたの名前を教えてください >>')
02  print(f'{name}さん、こんにちは')
03  food = input(f'{name}さんの好きな食べ物を教えてください >>')
04  print(f'私も{food}が好きですよ')
```

実行結果
あなたの名前を教えてください >>松田
松田さん、こんにちは
松田さんの好きな食べ物を教えてください >>カレー
私もカレーが好きですよ

このプログラム、いつも同じ返事をするから面白くないんですよね…。

こんなときこそ、分岐を使えば状況に応じて違う返事をするようにできるよ！

構文はのちほど紹介しますので、まずは分岐を体験してみましょう（コード3-2）。4行目と6行目の文末に：（コロン）を書き忘れやすいので注意してください。また、5行目と7行目は、半角スペース4個分の字下げをしている点に着目してください。

コード3-2 答えが分岐するチャットボット

```
01  name = input('あなたの名前を教えてください >>')
02  print(f'{name}さん、こんにちは')
03  food = input(f'{name}さんの好きな食べ物を教えてください >>')
04  if food == 'カレー':        変数foodがカレーだったら
05      print('素敵です。カレーは最高ですよね!!')
06  else:
07      print(f'私も{food}が好きですよ')
```

このプログラムは、入力した食べ物によって異なる返事をします。まず、「カレー」と入力してみてください。

実行結果

あなたの名前を教えてください >>松田

松田さん、こんにちは

松田さんの好きな食べ物を教えてください >>カレー

素敵です。カレーは最高ですよね!!   5行目が実行された

次は、「カレー」以外の食べ物を入力してみましょう。

実行結果

あなたの名前を教えてください >>松田

松田さん、こんにちは

松田さんの好きな食べ物を教えてください >>ラーメン

私もラーメンが好きですよ   7行目が実行された

> すごい！ ちゃんと違う答えが返ってきましたよ！

コード3-2の処理の流れを図で表すと、図3-3のようになります。

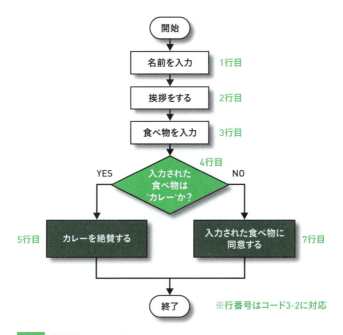

図3-3 分岐のフローチャート

図中の行番号は、コード3-2に対応しています。このように、処理の順序を箱や矢印で表した図を**フローチャート**（flowchart）または**流れ図**といいます。

コードとフローチャートを見比べると、次のことが読み取れるでしょう。

- **ifの後ろに処理が分岐する条件を書く。**
- **条件が成立していたら、ifからelseの前までの文が実行される。**
- **条件が成立していなかったら、else以降の文が実行される。**

ifの後ろに記述する、分岐する条件を**条件式**といい、条件式を使って処理を分岐させる文をif文といいます。

ifは「もし〜ならば」という意味の英単語なので、`if food == 'カレー'`は「もし変数foodがカレーならば」と解釈でき、まさにそのとおりに動作し

chapter 3 条件分岐

ます。また、条件が成立していた場合に実行される文は複数記述できます。これを**ifブロック**と呼びます（図3-4）。

　ifブロックの後ろにあるelseは「そうでなければ」という意味を持つ英単語なので、「変数foodがカレーでなければ」と解釈できます。条件が成立していなかった場合に実行される文も複数記述でき、これを**elseブロック**といいます。

　このように、「複数の文がまとまった部分」を**ブロック**と呼びます。

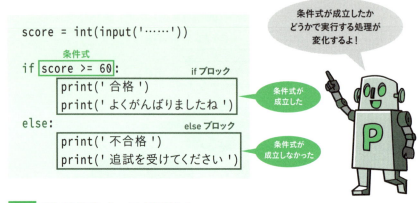

図3-4 分岐は条件式とブロックから構成される

英単語の意味と関連付けると覚えやすそう！ 「もし○○ならばAを実行する、そうでなければBを実行する」になるのね。

---

 if文の基本構文

```
if 条件式:
    条件が成立したときの処理（ifブロック）
else:
    条件が成立しなかったときの処理（elseブロック）
```
※ブロックはインデント（字下げ）によって指定する。

---

column チャットボットとAI

　チャットボット（chatbot）とは、テキストや音声を通じて、会話を自動的に行うプログラムです。自動的とはいっても、あらかじめ想定されたパターンに沿った表層的な対話を目的としているため、「人工無脳」とも呼ばれます。これに対して、人間の思考を再現し、文脈を理解したうえでの対話を目的としたものを一般的に人工知能（AI：Artificial Intelligence）と位置付けています。

　近年では、大規模なスケールで自然言語を事前学習させたチャットボットが誕生しています。正確性には議論の余地があるものの、詳細な会話や解説、提案が可能な点で注目を集めています。本書の第8章では、このようなチャットボットをPythonプログラムから利用する例を紹介しています。お楽しみに。

3.2.2 ブロックとインデント

あれれ？　社内試験の結果を判定するプログラムをさっきと同じように作ってみたんですが、おかしな結果になっちゃいました。

松田くんが書いたプログラムを見てみましょう（コード3-3）。

コード3-3 常に追試を受けることになる判定プログラム

```
01  score = int(input('試験の点数を入力してください >>'))
02  if score >= 60:     変数scoreが60以上だったら
03      print('合格！')
04      print('よくがんばりましたね')
05  else:
06      print('残念ながら不合格です')
07  print('追試を受けてください')
```

実行結果

試験の点数を入力してください >>80
合格！
よくがんばりましたね
追試を受けてください

合格なのに、追試を受けろって言われちゃったのね。日頃の行いのせいじゃない？

いいミスをしてくれたね！　原因は日頃の行いじゃなくて、インデントだよ。

　Pythonでは、ブロックの範囲を**インデント**で示す必要がありますが、松田くんの書いたコード3-3をよく見ると、最終行の文の先頭が字下げされていません。そのため、elseブロックの範囲は6行目の `print('残念ながら不合格です')` のみであると解釈されてしまいました。その結果、最終行はelseブロックとはみなされないため、条件の成立／不成立にかかわらず、必ず実行されてしまいます（図3-5）。

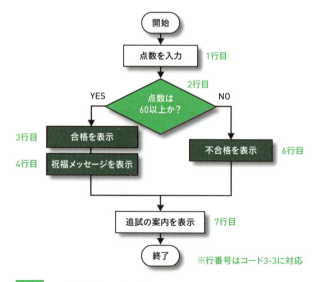

図3-5　コード3-3のフローチャート

一般的に、インデントはコードを見やすくするためだけの道具で、動作に影響しないプログラミング言語が多いんだ。だが、Pythonでは重要な意味を持っているので、ほかの言語経験者は十分に注意してほしい。

 インデントでブロックを指定する

ブロックの範囲はインデントによって指定する。

　また、インデントの入れ方にもルールがあります。「何個分の半角スペースをインデントとするか」には特に決まりはありません。しかし、1つのブロックの中では**半角スペースの個数を揃える**必要があり、揃っていない場合はエラー（IndentationError）が発生します。

```
01  if x >= 100:
02      print('4個分下げた')
03     print('3個分下げた')
04  else:
05      # 省略
```

02・03 同じブロック内で半角スペースの個数が揃っていないのでエラー

　一般的に、インデントは半角スペースを2個、4個、8個分のいずれかにするパターンが多いようです。チームや企業内で決まりがあればそれに従いましょう。もし、そのようなルールがない場合は、Pythonの標準コーディング規約である**PEP8**で推奨されている4個をおすすめします。本書掲載のコードも基本的に4個で紹介しています。

　なお、dokopyでも、if文などのブロックを必要とする構文を入力すると、自動的に半角スペースが4個分入力されます。OSやブラウザによっては、異なる個数の半角スペースやタブ文字という特殊文字が入る場合もあります。また、Tabキーでインデントを入れた場合も同様です。同じブロック内でタブ文字とスペースが混在するとエラー（TabError）が発生しますので、インデントの動作を確認したうえで利用してください。

3.3 条件式

3.3.1 比較演算子

工藤さん、条件式の中に == とか >= が出てきましたけど、これで条件を判定しているんですか？

そうだよ！ 次は条件式について詳しく見ていこう。

条件式を作るには、これまでに登場した == や >= などの**比較演算子**（または**関係演算子**）を使います。比較演算子には、表3-1のような種類があります。

表3-1 比較演算子の種類と意味

演算子	意味
==	左辺と右辺は等しい
!=	左辺と右辺は等しくない
>	左辺は右辺より大きい
<	左辺は右辺より小さい
>=	左辺は右辺より大きいか等しい
<=	左辺は右辺より小さいか等しい

比較演算子を使うと、たとえば、次のような条件式を作ることができます。

- score == 100 　　　　：変数scoreが100なら
- name == '浅木' 　　　：変数nameが'浅木'なら
- password != '1a#s5S' ：変数passwordが'1a#s5S'でなければ
- temperature < 0 　　 ：変数temperatureが0より小さければ

特に、等しいことを表現する比較演算子は、イコール記号を2つ記述する `==` であることに注意してください。誤ってイコール記号を1つしか書かないと構文エラー（SyntaxError）が発生します。

うっかり `if score = 100:` とか書いちゃいそうです。

初心者がやってしまうミスの代表だからね。もしif文に構文エラーが出たら、まずはこれを疑ってみるといいよ。

3.3.2　in演算子

工藤さん、僕のチャットボット、カツカレーでもシーフードカレーでも、とにかくカレーを入力したら「最高です！」って、言ってほしいんですが、いい方法ありませんか？

どんだけカレーが好きなんだい。まあ、ちょうどいい比較演算子があるよ。

どのような演算子を使うのか見てみましょう（コード3-4）。

コード3-4　どんなカレーでも絶賛するチャットボット

```
01  name = input('あなたの名前を教えてください >>')
02  print(f'{name}さん、こんにちは')
03  food = input(f'{name}さんの好きな食べ物を教えてください >>')
04  if 'カレー' in food:         変数foodにカレーが含まれているか
05      print('素敵です。カレーは最高ですよね!!')
06  else:
07      print(f'私も{food}が好きですよ')
```

chapter 3　条件分岐　　131

実行結果

あなたの名前を教えてください >>松田

松田さん、こんにちは

松田さんの好きな食べ物を教えてください >>カツカレー

素敵です。カレーは最高ですよね！！ ── ifブロックが実行された

in演算子は、右辺に左辺の値が含まれているかを判定する比較演算子です。コード3-4の場合、変数foodに「カレー」という文字列が含まれていれば、条件が成立したと判定されます。

この演算子、調べたい変数名を右側に書くんだね。

それはきっと「in」だからよね。「カレー」がfoodの中にあるかどうかを尋ねたいわけだから。

なお、in演算子の右辺には、第2章で紹介したコンテナを使用することもできます（コード3-5）。

コード3-5　100点があるかどうかを調べる

```
01  scores = [80, 100, 20, 60]      ── 試験結果のリスト
02  if 100 in scores:
03      print('100点満点の試験があったんですね。おめでとう！')
04  else:
05      print('次はどれか1つでも100点満点をとろう')
```

実行結果

100点満点の試験があったんですね。おめでとう！

これを利用して、右辺にディクショナリを指定すると、そのディクショナリの中で指定したキーが使用されているかをチェックできます（コード3-6）。

コード3-6　ディクショナリのキーをチェックする

```python
scores = {'network': 60, 'database': 80, 'security': 50}
key = input('追加する科目名を入力してください >>')
if key in scores:
    print('すでに登録済みです')
else:
    data = int(input('得点を入力してください >>'))
    scores[key] = data
print(scores)
```

実行結果（まだ登録していないキーを入力した場合）

追加する科目名を入力してください >>python
得点を入力してください >>80
{'network': 60, 'database': 80, 'security': 50, 'python': 80}

実行結果（すでに登録したキーを入力した場合）

追加する科目名を入力してください >>network
すでに登録済みです
{'network': 60, 'database': 80, 'security': 50}

　すでに登録されているディクショナリの要素を変更されたくない場合（2.3.4項）には、あらかじめin演算子による入力チェックを行うと、要素の不用意な変更を防ぐことができます。

A　ディクショナリのキーの存在を調べる

　　キー in ディクショナリ

※ キーがディクショナリに存在する場合は条件成立、存在しない場合は条件不成立となる。

column 文字列の大小比較

数値だけではなく文字列でも、値の大小を比較できます。

```
01  name = '松田'
02  if name < '浅木':
03      print('条件が成立')
04  else:
05      print('条件が成立しない')
```

実行結果
条件が成立

文字列での大小は、その文字に対応した文字コード（第7章）の順で比較されます。たとえば、「a」と「b」では「b」のほうが大きく、「python」と「pay」では「python」のほうが大きいと判定されます。

3.3.3 真偽値

　この節で紹介した比較演算子は、第1章で紹介した算術演算子と同じく、演算子の仲間です。ここで、演算子を使用したときのルールをもう一度思い出してみましょう。

　式に含まれる演算子は、1つずつ、周囲のオペランドを巻き添えにしながら置き換わっていき、最終的に1つの計算結果となります。このような過程を式の評価というのでした（1.1.5項）。たとえば、算術演算子を用いた 3 + 2 * 5 という計算式は、評価されて計算結果の13に置き換わります。

それじゃ、比較演算子を用いた条件式は、評価されると何に置き換わるか、わかるかな？

比較演算子も演算子ですから、評価されると別のものに置き換わります。比較演算子を用いた条件式の場合、条件が成立したらTrue、成立しなければFalseに置き換わります（図3-6）。TrueとFalseは**真偽値**といい、第1章で紹介したデータ型のうちの1つ、**bool型**です（1.3.1項）。

```
if score >= 60:      score の値が
   ↓評価            60 以上なら
if True:
```

```
if score >= 60:      score の値が
   ↓評価            60 以上でなければ
if False:
```

図3-6 条件式は真偽値に評価される

TrueとFalseって、文字列なんですか？

いや、TrueとFalseは文字列じゃない。だから前後に'や"は付けない。あくまでも、TrueとFalseという値なんだ。

　実際に、条件式が真偽値に置き換わる様子をコードで確認してみましょう（コード3-7）。

コード3-7 条件式の評価結果を確認する

```
01  score = int(input('試験の点数を入力 >>'))
02  print(score >= 60)
```

実行結果
試験の点数を入力 >>60
True

実行結果
試験の点数を入力 >>50
False

　以上のことを踏まえると、**if文は、条件式の評価結果がTrueならばifブロックを、Falseならばelseブロックを実行する文**ととらえることができます（次ページの図3-7）。

chapter 3 条件分岐　**135**

図3-7 条件式の評価結果によってif文の動作は決定する

3.3.4 論理演算子

工藤さん、社内試験は60点以上が合格ですが、`score >= 60` と書くと100より大きい点も合格と判定されちゃうのがイマイチなんです。

「100点以下であること」も合格の条件にしたいんだね。判定の条件が2つ以上あるときには、論理演算子を使うといいよ。

　これまでに登場した条件式は、すべて1つの条件だけで判定してきましたが、複数の条件を組み合わせた条件式も作ることができます。たとえば、試験結果が60〜100点の範囲のみを合格としたい場合は、次のように記述します。

```
if score >= 60 and score <= 100:
```
60点以上かつ100点以下だったら

　この条件式は、`score >= 60` と `score <= 100` の2つの条件から成り立っ

ています。このように、2つ以上の条件を組み合わせるには、**論理演算子**を使用します（表3-2）。

表3-2 論理演算子とその意味

演算子	意味
and	かつ
or	または
not	でなければ（否定）

60～100点の範囲を外れる点数を不合格とする条件は、orを使って次のように表します。

```
if score < 60 or score > 100:
```
　　　　　　　　　　　　　60点未満または100点より大きかったら

論理演算子を使うと、条件式は図3-8のように評価されます。

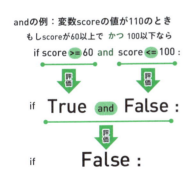

andは左辺と右辺の両方が成立したときTrueになる。それに対してorはどちらか一方が成立すればTrueだ。この違いを理解しよう

図3-8 論理演算子を使った条件式の評価

論理演算子は難しく考えずに、英単語の意味そのままだと思えばよさそうですね。

3つ目の論理演算子notは、 `not 条件式` という形で使用します。条件式

chapter 3 条件分岐　　137

が成立しなければTrue、成立したらFalseというように、通常とは逆の真偽値に置き換える演算が行われます。また、**if not 条件式:** とすると、**もし条件式が成立しなければ**という条件を作ることができます。

```
if not (score < 60 or score > 100):
```
「60点未満または100点より大きい」でなければ

「60点未満または100点より大きい」でなければ、ということは…つまり「合格ならば」ってことね！ 最初の条件と同じじゃない！

こんな複雑な条件、混乱するだけですよ。notってどんなときに使えばいいんだろう？

notはandやorほど利用する場面は多くありませんが、in演算子を使った条件式では、notを使うと、逆の条件をシンプルに記述することができます。

```
if not 'カレー' in food:
```
foodにカレーが含まれていなければ

not演算子を活用した例は次の第4章でも登場しますので、まずはandとorを優先的に覚えておきましょう。

---

column

範囲指定の条件式

ある1つの変数が取り得る値の範囲を判定する条件は、次のように記述することもできます。

```
if 60 <= score <= 100:
```
score >= 60 and score <= 100:

人によっては直感的でとてもわかりやすい表現ですが、Python以外のほとんどのプログラミング言語ではサポートしていない書き方なので注意してください。

column 真偽値に評価されない条件式

本文で紹介している条件式は、すべて真偽値に評価されるものです。しかし、Pythonでは次のような条件式を書くことも許されています。

```
01  score = 0
02  if score:
03      # 処理
04  else:
05      # 処理
```

　条件式の結果が真偽値にならない場合、Pythonは0か0以外かによって、実行するブロックを決定します。結果が0以外ならTrueと解釈してifブロックを、結果が0ならFalseと解釈してelseブロックを実行します。このルールに則ってこのコードを読み解くと、変数scoreは0なので、elseブロックが実行されることになります。つまり、2行目の条件式は `score !=0` と同じです。

　次に挙げたのは、0と同様にFalseと解釈される値です。通常、このような条件式をあえて用いる必要はありませんが、開発現場などでは見かける可能性もありますので、知識として知っておくとよいでしょう。

```
False   None   0   0.0   ''   ""   []   {}   ()
```

※ `''`と`""`は空の文字列、`[]`・`{}`・`()`は空のコンテナを表す。

これはあくまでも参考情報だよ。自分が書くコードでは、分岐の意味が明確になるTrueかFalseで評価される条件式を使おう。

3.4 分岐構文のバリエーション

3.4.1 3種類のif文

さあ、分岐についてはいよいよ大詰めだ。if文にはいろいろな構文があるから、それを整理して紹介するよ。

　if文には3つのバリエーションがあります。この章でこれまで紹介してきたif文は、基本形のif-else構文です。これ以外にもあと2つの構文があり、それらは条件式の結果がFalseの場合に、基本形とは処理の流れが変わってきます（図3-9）。

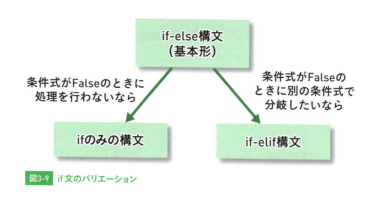

図3-9　if文のバリエーション

これらの構文の違いを理解して、if文を使いこなしていきましょう。

3.4.2 if-else構文

　まずは基本形となるif-else構文を確認しておきましょう。条件式が成立したときと、成立しなかったときで処理を分岐できます（図3-10）。

A if-else 構文

```
if 条件式:
    条件式が成立したときの処理
else:
    条件式が成立しなかったときの処理
```

フローチャート

基本構文

サンプルコード

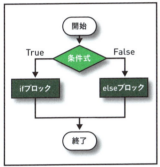

```
if age >= 20:
    price = 1500
else:
    price = 500
```

条件式がTrueの場合と
Falseの場合で別々の
処理ができるね

図3-10 if-else 構文

3.4.3　ifのみの構文

　条件式が成立しなかったときには何もしない場合、elseブロックは空になります。このような場合には、elseブロックを省略できます。これがifのみの構文です（次ページの図3-11）。

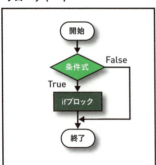

elseを省略しただけね

図3-11 ifのみの構文

 ifのみの構文

```
if 条件式:
    条件式が成立したときの処理
```

ifのみの構文の例を見てみましょう（コード3-8）。

コード3-8　elseブロックのない分岐

```
01  name = input('あなたの名前を教えてください >>')
02  print(f'{name}さん、こんにちは')
03  if name == '松田':
04      print('松田さんに会えてうれしいです')
05  food = input(f'{name}さんの好きな食べ物を教えてください >>')
06  if 'カレー' in food:
07      print('素敵です。とにかくカレーは最高ですよね!!')
08  else:
09      print(f'私も{food}が好きですよ')
```

nameが松田ではないときの処理はない

実行結果

あなたの名前を教えてください >>松田

松田さん、こんにちは

松田さんに会えてうれしいです

松田さんの好きな食べ物を教えてください >>カレー

素敵です。とにかくカレーは最高ですよね！！

> むふふ。僕だけに特別な挨拶をするようにできたぞ。

column 空ブロックの作り方

　Pythonでは空のブロックを禁じているため、ifのみの構文を使用せずに、何も処理をしない空のelseブロックを書くとエラーになります。あえてブロックの中を空にしたい場合は、pass とだけ書いて、何もしないことを表明する必要があります（図3-12）。

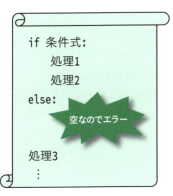

図3-12　空ブロックの作り方

3.4.4 if-elif 構文

条件式が成立しなかったときには別の条件式で判定したい場合は、ifブロックのあとに elif ブロック を追加したif-elif構文を使用します（図3-13）。

フローチャート

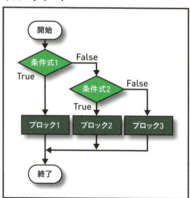

基本構文

サンプルコード

```
if age >= 40:
    price = 500
elif age <= 10:
    price = 300
else:
    price = 1000
```

実行されるブロックはどれか1つだけだよ

図3-13 if-elif構文

elifとは「else if」を省略したものですから、`if A: 〜 elif B: 〜` は、「もしAならば〜、そうでなくBならば〜」と解釈できます。

図3-13ではelifは1つだけですが、elifの数に制限はなく、必要なだけ書くことができます。条件式を先頭から順に判定していき、**最初に** Trueに判定された条件式のブロックが実行されます。

また、すべての条件式がFalseだったときに何もする必要がなければ、最後のelseブロックを省略できます。

A if-elif構文

```
if 条件式1:
    条件式1が成立したときの処理
elif 条件式2:
    条件式1が成立せず、条件式2が成立したときの処理
  :
elif 条件式n:
    上記の条件式がすべて成立せず、条件式nが成立したときの処理
else:
    すべての条件式が成立しなかったときの処理
```

※ elseブロックを省略するときは、 else: 自体を書かない。

断っても断っても、どんどん条件を変えて粘ってくる人みたいですね。

if-elif構文の例を見てみましょう（コード3-9）。

コード3-9　多分岐するif文

```
01  score = int(input('試験の点数を入力してください >>'))
02  if score < 0 or score > 100:        ── 条件式1
03      print('異常な得点です')
04      print('入力し直してください')
05  elif score >= 60:                    ── 条件式2
06      print('合格！')
07      print('よくがんばりましたね')
08  else:
09      print('残念ながら不合格です')     これまでの条件式がすべて
10      print('追試を受けてください')     Falseだったら実行される
```

chapter 3 条件分岐　**145**

実行結果（条件式1がTrueの場合）

試験の点数を入力してください >>120

異常な得点です

入力し直してください

実行結果（条件式1がFalse、条件式2がTrueの場合）

試験の点数を入力してください >>70

合格！

よくがんばりましたね

実行結果（条件式1がFalse、条件式2もFalseの場合）

試験の点数を入力してください >>50

残念ながら不合格です

追試を受けてください

3.4.5　if文のネスト

if文のバリエーションは以上だよ。最後にこれらの構文を組み合わせる方法を紹介しておくよ。

　これまで解説してきたif文のブロックに、また別のif文を入れることもできます。このような多重構造を、コンテナのときと同様に、ネストや入れ子といいます（図3-14）。if文をネストすると、複雑な分岐を実現できます。

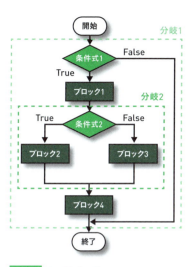
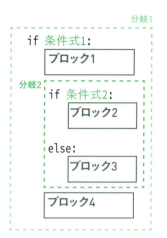

図3-14 ネストしたif文

ブロックを指示するのはインデントであることに再度注意を払ってほしい（3.2.2項）。if文をネストする場合は、意図とインデントが合致しているか、十分検証しよう。

if文をネストさせて、僕の晩ご飯をおすすめしてくれるチャットボットを作ってみましたよ。

松田くんが新しいチャットボットを作りました（コード3-10）。

コード3-10 晩ご飯をレコメンドするチャットボット

```
01  print('すべての質問に y または n で答えてください')
02  okane_aruka = input('お金に余裕はありますか？ >>')
03  if okane_aruka == 'y':                    if-else構文
04      onaka_suiteruka = input('お腹がすごく空いてますか？ >>')
05      nomitai_kibunka = input('ビールを飲みたいですか？ >>')
06      if onaka_suiteruka == 'y' and nomitai_kibunka == 'y':
07          print('焼き肉はいかがですか')
```

chapter 3 条件分岐　**147**

```
08      elif onaka_suiteruka == 'y':         if-else構文
09          print('カレーはいかがですか')
10      elif nomitai_kibunka == 'y':         if-else構文
11          print('焼き鳥はいかがですか')
12      else:                                 if-else構文
13          print('パスタはいかがですか')
14  yashoku_iruka = input('夜食は必要ですか？ >>')
15  if yashoku_iruka == 'y':                  ifのみの構文
16      print('コンビニのチキンはいかがですか')
17  else:                                     if-else構文
18      print('家で食べましょう')
```

実行結果

すべての質問に y または n で答えてください
お金に余裕はありますか？ >>y
お腹がすごく空いてますか？ >>y
ビールを飲みたいですか？ >>n
カレーはいかがですか
夜食は必要ですか？ >>y
コンビニのチキンはいかがですか

すごいじゃないか！　ここまでできたら分岐処理はもうマスターしているよ。

　コード3-10には、本章で学習したifの構文がすべて入っています。コードを眺めるだけでは、全体の構造を把握するのは難しいかもしれません。何度も実行して質問に答え、その結果とコードを見比べながらじっくり理解してください。

僕たちの日常生活には分岐する場面がたくさんあるよ。その一部を切り取ってプログラムにしてみると、きっといい勉強になるよ。

やってみます！

> **column**
>
> **論理演算子の名前の由来**
>
> 　論理演算子の左右に記述する条件式は、評価されるとTrueまたはFalseに置き換わるので、論理演算子はTrueまたはFalseに対する演算をしているといえます。本書では、TrueとFalseを真偽値と紹介しましたが、ほかに真理値や論理値とも呼ばれます。論理値に対する演算をするので、論理演算子という名前が付いています。

3.5 第3章のまとめ

文と制御構造

- 1行に記述された1つの処理が実行単位であり、1つの文である。
- 文の実行順序は制御構造によってコントロールでき、主に順次・分岐・繰り返し（ループ）の3つがある。

条件分岐

- if文は、ある条件に従って処理を分岐できる。
- if文は、条件が成立したらifブロックを、不成立だったらelseブロックを実行する。
- ブロックは、複数の文をひとまとまりとして扱う（文は1つでもよい）。
- ブロックはインデントで指定する。

条件式

- 比較演算子や論理演算子を用いて分岐する条件を記述する。
- 条件式は評価されると真偽値に置き換わる。

分岐構文のバリエーション

- if-else構文は処理を2つに分岐できる。
- ifのみの構文は、ある処理を実行するか、実行しないかに分岐できる。
- if-elif構文は処理を3つ以上に分岐できる。
- if文はネストできる。

3.6 練習問題

練習3-1

次の各条件式が評価している内容を日本語で答えてください。もし条件式として適当でない場合は、×を答えてください。

(1) `price * 1.1 <= 300000`
(2) `n = 0`
(3) `'gihu' in kansai`
(4) `a + b > 60 and day == 3`
(5) `False`

練習3-2

次のような判定ができる条件式をそれぞれ記述してください。

(1) 変数initialの値は'K'と等しいか
(2) 変数pointの値は80以上かつ256未満か
(3) 変数bmiの値が20より小さいかまたは25より大きいか
(4) 変数yearの値は4で割り切れるか
(5) 変数dayの値は28・30・31のいずれにも当てはまらないか

練習3-3

if文を使って、次のような動作をするプログラムをそれぞれ作成してください。

(1) 変数isErrorがFalseかつ変数nが100未満の場合のみ、画面表示を行う（表示内容は問わない）。
(2) 入力された数値について、偶数か奇数かを判定してその結果を表示する。
(3) 入力された次の文字列に応じて、挨拶を表示する。

- こんにちは→ようこそ！
- 景気は？　→ぼちぼちです
- さようなら→お元気で！
- 上記以外は、「どうしました？」を表示

練習3-4

次のプログラムを実行したとき、①〜③のブロックが実行される入力値をそれぞれ答えてください。また、そのときに表示される内容を答えてください。

```
01  month = int(input('今は何月ですか？（数字を入力）　>>'))
02  if month in [1, 3, 5, 7, 8, 10, 12]:
03      print('31日までありますね')            ブロック①
04  else:
05      if month != 2:
06          print('30日までですね')            ブロック②
07      else:
08          print('1年で一番寒い月ですね')     ブロック③
09      print('年が明けてから')
10  print(f'{month}か月が過ぎました')
```

chapter 4
繰り返し

前章では、if文による処理の分岐を学びました。
この章で紹介する繰り返しでは、適切な条件を設定すれば
同じような処理を必要な回数だけ何度でも実行できます。
3つの制御構造をマスターして、
プログラムの流れを自由自在に操れるようになりましょう。

contents

- 4.1 繰り返しの基本構造
- 4.2 for文
- 4.3 繰り返しの制御
- 4.4 第4章のまとめ
- 4.5 練習問題

4.1 繰り返しの基本構造

4.1.1 while文

工藤さんのアドバイスに従って、自分の生活の一部をプログラムにしてみたんですが…。イマイチなんです。

浅木さんのプログラムを見てみましょう（コード4-1）。

コード4-1 ひつじを数えて眠る

```
01  print('さあ、寝ようかしら')
02  count = 0      # ひつじの数
03  count += 1
04  print(f'ひつじが{count}匹')
05  count += 1
06  print(f'ひつじが{count}匹')
07  count += 1
08  print(f'ひつじが{count}匹')
09  print('おやすみなさい')
```

ひつじの数を1匹ずつ増やして表示

実行結果
```
さあ、寝ようかしら
ひつじが1匹
ひつじが2匹
ひつじが3匹
おやすみなさい
```

先輩、寝つくのめっちゃ早いですね！ 僕はこう見えても繊細だから、100匹は数えないと。

あら、人は見かけによらないわね。同じ処理を何度も書くのは面倒だけど、がんばってコピペするしかないんですか？

　コード4-1の3〜8行目では、変数countに1を足して、その内容を表示する処理を3回繰り返しています。変数countの値は表示の都度変わりますが、処理の本質は同じです。このように、同じような処理を繰り返したい場面はプログラミングにおいて非常によく登場します。
　しかし、実行したい分だけ同じ処理を記述するのは現実的ではありません。

今回はたったの3回だけれど、松田くんみたいに100回も200回も必要になったら大変だ。こういうときは「繰り返し」を使えばいいんだよ。

　繰り返しは、第3章で紹介した分岐と同じく、代表的な制御構造のうちの1つです（p.120）。分岐は条件によって実行する処理の「内容」を変えることができましたが、繰り返しは条件によって処理を実行する「回数」を変えることができます。
　さっそく、次のコードを書いて実行してみましょう（コード4-2）。

コード4-2　ひつじを数えるのを3回繰り返す

```
01  count = 0
02  while count < 3:
03      count += 1
04      print(f'ひつじが{count}匹')
05  print('おやすみなさい')
```

インデントが必要

chapter 4 繰り返し　155

実行結果
ひつじが1匹
ひつじが2匹
ひつじが3匹
おやすみなさい

わっ!? print関数を1回しか書いてないのに、ちゃんと3回表示されてるわ！

　コード4-2の処理の流れをフローチャートで表すと、次の図4-1のようになります。

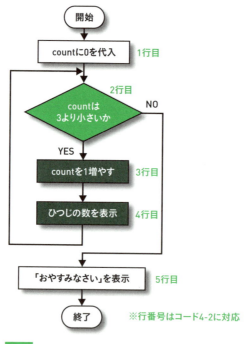

図4-1 繰り返しのフローチャート

if文のときと同じように、コードとフローチャートを見比べてみよう。次のことが読み取れるかな？

- whileの後ろに処理を繰り返す条件式を書く。
- 条件が成立している間は、直後のブロックが繰り返し実行される。
- 条件が成立していなかったら、繰り返しが終わる。

　条件によって処理の繰り返しを指示する文をwhile文といい、条件式を記述するのはif文と同じです。whileは「〜の間」という意味の英単語ですから、`while count < 3`は「変数countが3より小さい間は」と解釈できます。そしてその文章のとおり、変数countの値が3より小さいという条件が成立している間は、直後のブロックを何度でも繰り返し実行します。
　このように、繰り返し実行されるブロックをwhileブロックといい、コード4-2では3〜4行目がこれに当たります。

if文と同じで、while文も英単語の意味と関連付けるとわかりやすいね。

whileブロックを実行したあとは、そのまま下へ進まずに条件式まで戻るのがif文とは違うわね。

　while文の条件式は、繰り返すたびに判定の内容が変わる点に注目してください。変数countの値は最初は0ですが、whileブロックを実行すると1増えるため、条件式の内容は「0 < 3」「1 < 3」「2 < 3」「3 < 3」と変化します。「3 < 3」のときに条件式の評価結果がFalseとなり、そこで繰り返しが終了します。結果として3回繰り返したことになりますね。
　変数countのように、繰り返すたびにその値が変化し、繰り返しの条件となる変数をカウンタ変数またはループ変数（ループカウンタ）といいます。

chapter 4 繰り返し　157

繰り返しでは、繰り返すたびに判定内容が変化するのがポイントだよ。

while文

```
while 条件式:
    条件が成立したときの処理（whileブロック）
```

※ ブロックはインデント（字下げ）によって指定する。

4.1.2 無限ループ

く、工藤さぁぁん！ プログラムが止まらなくなっちゃいました！ 助けてぇぇぇ!!

あー、さっそくやっちゃったか！

松田くんにいったい何が起きたのでしょうか（コード4-3）。

コード4-3 無限ループ

```
01  count = 0
02  while count < 3:
03      print(f'ひつじが{count}匹')
04  print('スヤスヤzzz')
```

実行結果

ひつじが0匹
ひつじが0匹　　実行している間、無限に表示される
ひつじが0匹
　　︙

　松田くんの作ったコード4-3は、whileブロックの中で**変数countの値を更新していません**。変数countの値を変えなければ、繰り返し条件である `count < 3` は常に成立しますから、繰り返しは決して終了しません。このようないつまでも続く繰り返しを**無限ループ**と呼びます。

> 経験者でもうっかり無限ループしちゃうことはままあるからね。無限ループの止め方は覚えておくといいよ。

無限ループを止める方法

　dokopyで意図せず無限ループに陥ってしまった場合は、実行結果画面の右上に表示される「中断ボタン」をクリックするか、Ctrl＋Cキーで処理を中断できます。または、しばらく待つとサーバが処理を自動的に停止します。
　pythonコマンドで実行した場合は、Ctrl＋Cキーで処理を中断できます。それ以外のツールを利用している場合は、ツールのリファレンスかsukkiri.jpを参照してみてください。

4.1.3　状態による繰り返し

　回数ではなく、あるものの状態によって繰り返しの条件を判定することも可能です。たとえば、眠るまでひつじを数えるのを繰り返すには、次のようになるでしょう（次ページのコード4-4）。

コード4-4 眠るまでひつじを数えるのを繰り返す

```
01  is_awake = True
02  count = 0
03  while is_awake == True:        起きている状態ならば
04      count += 1
05      print(f'ひつじが{count}匹')
06      key = input('もう眠りそうですか？(y/n) >>')
07      if key == 'y':
08          is_awake = False        眠ったのでフラグをFalseにする
09  print('おやすみなさい')
```

実行結果
```
ひつじが1匹
もう眠りそうですか？(y/n) >>n
ひつじが2匹
もう眠りそうですか？(y/n) >>n
ひつじが3匹
もう眠りそうですか？(y/n) >>n
   ⋮
ひつじが1024匹
もう眠りそうですか？(y/n) >>y
おやすみなさい
```

　ポイントは変数is_awakeです。この変数は起きている、または、眠っている状態を表しており、起きている状態ならばTrue、眠った状態になったら（6行目の問いに「y」と答えたら）、Falseが代入されます。このような二者択一の状態を表す情報を**フラグ**（flag）といい、bool型がよく使われます。

160

bool型でフラグを表す

ある事柄や状態を二者択一で表すには、bool型を利用する。フラグを意味する変数名は、「is_xxx」とするのが一般的。

コード4-4は、whileブロックの中にif文があるから、インデントが2段階になっている点にも注意しよう。

4.1.4 繰り返しによるリストの作成

繰り返しの基本が理解できたら、今度はもう少し実践的な使い方を紹介しよう。第2章で出てきたリストを使うよ。

これまでの解説で繰り返しに慣れたら、繰り返しの定石ともいえるプログラムを見ていきましょう。第2章で紹介したコンテナは、通常、繰り返しと組み合わせて使います。

まずは繰り返しを利用したリストの作成です（コード4-5）。

コード4-5 繰り返しを使って得点リストを作成する

```
01  count = 0                                              # カウンタ変数
02  student_num = int(input('学生の数を入力 >>'))           # 学生の数
03  score_list = list()           空のリストを準備          # 得点リスト
04  while count < student_num:    入力された学生の数より小さければ繰り返す
05      count += 1
06      score = int(input(f'{count}人目の試験の得点を入力 >>'))
07      score_list.append(score)  入力された得点を得点リストに追加
08  print(score_list)
09  total = sum(score_list)
10  print(f'平均点は{total / student_num}点です')
```

実行結果

学生の数を入力 >>3
1人目の試験の得点を入力 >>80
2人目の試験の得点を入力 >>85
3人目の試験の得点を入力 >>75
[80, 85, 75]
平均点は80.0点です

3行目の `score_list = list()` って、今まで見たことのない書き方ですね。

list関数のカッコの中に何も値を書かないと、中身のない空のリストが作成されるんだよ（2.5.1項）。箱だけを準備したって感じかな。

　4行目で、入力された学生の数だけ繰り返す条件となっているのが読み取れるでしょうか。whileブロックの中では、入力された得点をリストへ順番に追加しているので、繰り返しが終了した時点で得点リストが作成されているというわけです。このように、繰り返しを利用して、リストにデータを追加する処理はよく見かけます。

4.1.5　繰り返しによるリスト要素の利用

今度は、繰り返しの中でリストの要素を利用する処理を見てみよう。

　次のコード4-6は、リストに格納された得点を1つひとつ調べ、合否判定を行います。60点以上ならば合格、60点未満だと不合格と表示されます。

コード4-6　リストの全要素を繰り返し参照する

```
01  scores = [80, 20, 75, 60]
02  count = 0
03  while count < len(scores):      リストの要素数より小さければ繰り返す
04      if scores[count] >= 60:
05          print('合格')
06      else:
07          print('不合格')
08      count += 1
```

実行結果
合格
不合格
合格
合格

　3行目にリストの要素数だけ繰り返す条件が指定されています。whileブロックでは、リストの0番目から順にアクセスし、その値によって処理が分岐します。

> 4行目の score[count] ですが、リストの添え字に変数を使っているんですか？

> いいところに気づいたね！　繰り返し処理の中でリストの要素を参照するには、添え字にカウンタ変数を使うのがポイントだ。

　whileブロックの中でリストの添え字にカウンタ変数を指定すると、繰り返しのたびに添え字が変化します。そのため、リストの要素に順番にアクセスできます（次ページの図4-2）。

このように、繰り返しを利用してリストの先頭から末尾までを参照する処理を「リストを回す」とも呼び、ひんぱんに行うので、構文で覚えてしまうとよいでしょう。

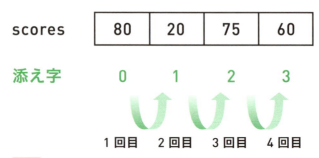

図4-2 カウンタ変数を利用すると添え字は順に変化する

 繰り返しを利用してリストの要素を参照する

```
カウンタ変数 = 0
while カウンタ変数 < len(リスト):
    リスト[カウンタ変数]を使った処理
    カウンタ変数 += 1
```

 最初は複雑に感じるかもしれないけれど、これまで紹介した基本の内容を組み合わせているだけだから、慌てずに。1行ずつ、何をしている処理なのかを復習しながら理解していこう。

4.2 for文

4.2.1 for文による繰り返し

リストを while 文で回すのって、難しいなあ。うっかりカウンタ変数を増やすのを忘れて、無限ループを起こしちゃうよ。

私は条件式の比較演算子を < じゃなくて <= にしてしまって、IndexError になっちゃうわ…。

　前節では、while文を使ってリストの要素を順に参照する構文を紹介しました。しかし、この方法は、繰り返しの条件やカウンタ変数の操作を明示的にコーディングする必要があり、無限ループやIndexErrorを起こしやすいというリスクがあります。

　そこで、リストなどのデータの集まりについて、先頭から末尾まで順に参照する場合には、より安全かつエレガントな記述ができる for文 がよく利用されます。

　コード4-6（p.163）をfor文で書き直したのが、次のコード4-7です。

コード4-7 for文でリストの全要素を参照する

```
01  scores = [80, 20, 75, 60]
02  for data in scores:
03      if data >= 60:
04          print('合格')
05      else:
06          print('不合格')
```

chapter 4 繰り返し　165

ひゃー！　何かよくわからないけど、繰り返し条件やカウンタ変数を書かなくていいんですか!?

　for文では、繰り返し条件を記述しなくても、自動的にリストの先頭から末尾まで順に繰り返しが行われていきます。また、カウンタ変数を指定する必要もありません。繰り返し条件やカウンタ変数を書く必要がなければ、無限ループの発生や間違った条件での繰り返しを心配する必要もありません。

こんな便利なものがあるなら、なんで最初から教えてくれなかったんですか!?

まあまあ落ち着いて。それにはちゃんと理由があるんだ。

　for文を使えば、繰り返しそのものに関わる単純なコーディングミスを減らすことはできます。しかし、繰り返す処理の内容によっては、for文よりもwhile文のほうが向いている場合もあります。while文の練習はムダにならないので安心してください。2つの方法の使い分けは、この節の最後に解説しますので、まずはfor文の使い方を理解しましょう。

4.2.2 for文の基本構造

　for文もwhile文と同様に、直後のブロックを繰り返し実行します。このブロックを **forブロック** といいます。

for文で繰り返す回数は、リストの要素数で決まるんだ。

　さきほどのコード4-7では、リストscoresの要素数が4なので、繰り返しは4回行われます。そして、繰り返すたびにリストの要素を先頭から順に取得し、forの直後に記述した変数に代入します（図4-3）。

図4-3 繰り返しのたびにリストの要素が先頭から順に代入される

 A for文でリストの全要素を参照する

```
for 変数 in リスト:
    繰り返し処理
```

　リストだけでなく、タプルやディクショナリ、セットなど、ほかのコンテナでもfor文は利用可能です。なお、セットのように順序を持たないコンテナの場合、代入される要素の順序は保証されません。

4.2.3 for文による決まった回数の繰り返し

　実は、前節で紹介したwhile文の例（コード4-2、コード4-5、コード4-6）のように、決まった回数を繰り返す場合は、for文を利用するとよりラクにループを記述できます（コード4-8）。

コード4-8 for文で決まった回数を繰り返す

```
01  for num in range(3):     3回繰り返す
02      print('Pythonは楽しい')
```

chapter 4 繰り返し　**167**

実行結果
Pythonは楽しい
Pythonは楽しい
Pythonは楽しい

range(3)？　この3で回数を指定しているのかしら？

　range()はあらかじめ用意された関数で、0から指定した数より1小さい整数までの要素を持つ整数列を作ることができます。たとえば、range(3)とすると、0、1、2という整数からなる整数列が作られます。

ここでいう整数列は、リストのようなものと考えておけばOKだよ。range関数によって、連番の要素を持つリストが自動的に作られるイメージだ。

range関数

range(n)

※ 0以上n未満までの範囲の整数列に評価される。

　range関数で作成される整数列もデータの集まりですから、for文による繰り返しが可能です。なお、コード4-8では代入用の変数としてnumを準備していますが、forブロックの中では使用していません。このように、用意した変数をまったく使わなくてもかまいません。

A for文で決まった回数を繰り返す

```
for 変数 in range(n):
    繰り返し処理
```

※ 繰り返しはn回実行される。

4.2.4 while文とfor文の使い分け

うーん。何だか、for文があればwhile文はいらない気がしてきました。while文とfor文は、どうやって使い分けたらいいんですか？

そうだね。ここでちょっとそれぞれの特徴を整理しておこうか。

　while文は、指定する条件式によって、基本的にどのような繰り返しでも表現できます。しかし、次のような繰り返しでは、for文のほうがシンプルかつ直感的にわかりやすいコードを書くことができますので、積極的に使っていきましょう。

- データの集まりから要素を取り出して、それに対する処理を繰り返す（コード4-7）。
- 決まった回数だけ繰り返す（コード4-8）。

　これらは、どちらも繰り返す回数にある程度の目処が立つパターンといえるでしょう。コード4-7は要素の数、コード4-8は指定した数がそのまま繰り返しの回数になります。一方のwhile文は、コード4-4（p.160）のように、いつまで繰り返すべきか予測できない場合にその威力を発揮します。**繰り返し回数の目処が立つときはfor文、目処が立たないときはwhile文を使う**と考えるとよいでしょう。

while文とfor文の使い分け

・while文：繰り返す回数の目処が立たないときに使う。
・for文　：繰り返す回数の目処が立つときに使う。

特にリストとfor文の組み合わせによる繰り返しは、非常に高い頻度で利用するよ。章末の練習問題でしっかりと身に付けておこう。

4.3 繰り返しの制御

4.3.1 繰り返しの強制終了

> 工藤さん、頼まれていたサンプル抽出プログラムの試作ができました！ これで私もデータサイエンティストとしての一歩を踏み出しましたね！

> うん、前節までの内容をよく理解して使えているね。本番で使うために、あとひと工夫してみよう。

浅木さんは、大量の年齢データの中から、サンプルとして20代だけを一定数抽出するプログラムの作成を依頼され、次のコード4-9を作成しました。

コード4-9 データのまとまりからサンプルを抽出する

```
01  ages = [28, 50, 8, 20, 78, 25, 22, 10, 27, 33]  # 対象データ
02  num = 5                        # 目標の抽出数
03  samples = list()               # サンプルデータを格納するリスト
04  for age in ages:
05      if 20 <= age < 30:
06          if len(samples) < num:       抽出数が目標に達していなければ、
07              samples.append(age)      リストに追加
08  print(samples)
```

実行結果
```
[28, 20, 25, 22, 27]
```

リストagesには、抽出対象となる年齢データが入っており、そこから20以上30未満のデータを目標の数だけ抽出して、リストsamplesに格納しています。まだ試作の段階なので、年齢データの数は10件で、目標の抽出数は5件としています。

結果も問題ないようですけど…。まだ改良の余地があるんですか？

コード4-9は試作の段階なのでデータ数は10件と非常に少ないですが、実際のデータ分析で扱うデータは数万件以上になることも珍しくありません。現在のコードでは、リストagesの末尾まで繰り返しを続けるため、繰り返しの途中で抽出数が目標に達すると、決して成立することのないif文（6行目）を延々と実行してしまいます。

不要な繰り返しはリソースのムダ使いだ。コンピュータに多大な負荷をかけてしまうんだよ。

実は、繰り返しはbreak文によって途中で強制的に終了させることができます。実際に使用した例を見てみましょう（コード4-10）。

コード4-10 目標数に達したら繰り返しを終了する

```
01  ages = [28, 50, 8, 20, 78, 25, 22, 10, 27, 33]  # 対象データ
02  num = 5                          # 目標の抽出数
03  samples = list()                 # サンプルデータを格納するリスト
04  for data in ages:
05      if 20 <= data < 30:
06          samples.append(data)
07          if len(samples) == num:
08              break
09  print(samples)
```

7〜8行目: 抽出数が目標に達したのでfor文を強制終了

実行結果

```
[28, 20, 25, 22, 27]
```

リストsamplesの要素数が抽出の目標である5になればbreak文が実行され、forブロックを抜けて繰り返しが終了します。これにより余計な繰り返しをなくすことができます。

4.3.2 繰り返しのスキップ

前項で紹介したbreak文は、繰り返しを途中で中止する命令でした。しかし、繰り返しそのものではなく、現在の回のみ処理をスキップして次の回のループを継続したい場合もあります。それにはcontinue文を使います（コード4-11）。

コード4-11 不要な回のループをスキップする

```
01  ages = [28, 50, 'ひみつ', 20, 78, 25, 22, 10, '無回答', 33]
02  samples = list()              # サンプルデータを格納するリスト
03  for data in ages:
04      if not isinstance(data, int):    ─ 整数でないデータはスキップ
05          continue
06      if data < 20 or data >= 30:      ─ 目的の条件に合致しない
                                           データはスキップ
07          continue
08      samples.append(data)
09  print(samples)
```

実行結果

```
[28, 20, 25, 22]
```

今度の年齢データには、数値だけでなく文字列が混在しており、このままでは20代のデータだけを抽出することができません。そこでまず、isinstance関数でデータ型を確認します。整数でなければcontinue文が実行され、その

回の以降の処理がスキップされます（4〜5行目）。また、整数データのうち、20代に合致しないデータはやはりcontinue文によってはじかれます（6〜7行目）。

整数かつ20代に該当するデータだった場合に、ようやく8行目まで処理が到達し、リストsamplesに追加されるというわけです。

いろいろな条件をクリアしないと目的の処理までたどり着けないんですね。たくさんの敵を倒しながらお姫さまを助けに行くゲームみたい。

そうだね。continueを使わずにこの処理を実現しようとすると、インデントが深くなってわかりにくいコードになってしまうんだよ。

図4-4の左図のように、インデントの深いコードは読みにくいだけでなく、分岐の対応関係を把握しづらいため、処理内容の理解が難しくなってしまいます。可読性の低いコードはメンテナンスの難易度が高くなり、不具合を起こしやすくなります。

一方、continue文を使用した図4-4の右図は見た目もスッキリし、ひと目で構造を把握することができます。

```
for …:
    if 条件式：
        …
        if 条件式：
            …
            if 条件式：
                …
                if 条件式：
                    目的の処理
```

```
for …:
    if 条件式：
        continue
    …
    if 条件式：
        continue
    …
    if 条件式：
        continue
    目的の処理
```

図4-4　深いインデントは不具合を誘発しやすい

なお、isinstance関数の構文は次のとおりです。

isinstance関数

```
isinstance(データ, データ型)
```
※ データがデータ型と一致したらTrueに置き換わる。
※ データ型にはint、str、boolなどを指定できる（1.3.1項）。

4.3.3　break文とcontinue文

　この節で紹介したbreak文とcontinue文は、どちらもループを中断しますが、中断する対象が異なります。ここでもう一度振り返っておきましょう。
　break文は、書かれた繰り返しのブロックを即座に中断します。while文やfor文による**繰り返しをすぐに中断したい**場合に利用するとよいでしょう。一方のcontinue文は、現在のループの周回を中断して、同じ繰り返しの次の周回に進みます。この周回だけを中断し、**繰り返し自体は続けたい**場合に利用します。
　この2つの文の利用は必須ではありませんが、うまく使うとスッキリと整理されたコードを記述できます。ぜひ、使い方を身に付けておきましょう。

break 文
（繰り返し自体を中断）

```
data_list = [1, 2, 3]
for num in data_list:
    if num == 2:
        break
    print(num)
```
1回目　2回目

continue 文
（現在の回だけを中断し、次の回へ）

```
data_list = [1, 2, 3]
for num in data_list:
    if num == 2:
        continue
    print(num)
```
1回目　2回目　3回目

図4-5　2種類の中断方法

2つの章にわたって学んできた制御構造の解説もこれで終わりだよ。長い時間お疲れさま。

ふう。いろんなことを教わったなあ。今日はカレーを繰り返し食べてしまいそうですよ。

無限ループにならないように、終了条件はしっかり決めておかなきゃね！

4.4 第4章のまとめ

繰り返し

- while文は、条件に従ってwhileブロック内の処理を繰り返す。
- while文は、繰り返し回数の目処が立たない繰り返しに適している。
- for文は、指定したコンテナの要素の数だけ、ブロック内の処理を繰り返す。
- for文はデータの集まりを順に参照する繰り返しや、一定回数の繰り返しに適している。

繰り返しの中断

- break文は、繰り返しを強制的に終了する。
- continue文は、その回のループを終了し、次の回を継続する。

繰り返しのヒント

- 永久に終わることのない繰り返しを無限ループという。
- range関数で定数回の繰り返しを作成できる。
- 繰り返しによるコンテナの操作は、プログラムの定石である。
- 繰り返しと分岐を組み合わせると、より実践的なコードを記述できる。

4.5 練習問題

練習4-1

次の各コードについて、繰り返しが行われる回数を答えてください。

(1)
```
01  count = 0
02  while count < 5:
03      count += 1
```

(2)
```
01  count = 1
02  while count <= 5:
03      count += 1
```

(3)
```
01  data = [88, 21, 65, 160, 57]
02  count = 0
03  while count < len(data):
04      count += 1
```

(4)
```
01  for num in range(5):
02      print(num)
```

(5)
```
01  for item in [88, 21, 65, 160, 57]:
02      print(item)
```

(6)
```
01  data = [88, 21, 65, 160, 57]
02  for item in data:
03      print(item)
```

(7)
```
01  for item in [88, 21, 65, 160, 57]:
02      if item >= 100:
03          break
04      print(item)
```

(8)
```
01  for item in [88, 21, 65, 160, 57]:
02      if item >= 100:
03          continue
04      print(item)
```

練習4-2

次の動作を順に行うプログラムをwhile文を用いて作成してください。

(1) 変数countを任意の値で初期化する。
(2) 画面に「カレーを召し上がれ」と表示する。
(3) 画面に「○皿のカレーを食べました」と表示する（○には食べた皿数が入る）。
(4) 画面に「おかわりはいかがですか？（y/n）>>」と表示する。
(5) yが入力されたら、変数countの値を1増やして（3）へ戻る。
(6) nが入力されたら、「ごちそうさまでした」と表示して終了する。

練習4-3

「10、9、8、……、2、1、Lift off！」のようなカウントダウンを行うプログラムをfor文とrange関数を用いて作成してください。なお、print関数に次のようなendオプションを付けると、改行せずに文字列を表示できます。

```
01  print('Hello', end='')    改行しないことを指示するオプション
02  print('Python')
```

実行結果
```
HelloPython
```

練習4-4

次の（1）〜（3）の内容のプログラムをそれぞれ作成してください。

(1) 九九の計算をするプログラムを、for文を用いて作成する。
(2) (1) のプログラムについて、奇数の段のみ計算するようにcontinue文を用いて変更する。
(3) (2) のプログラムについて、掛け算の答えが50を超えたらその段の計算を中止し、次の段の計算へ進むように変更する。

練習4-5

次の（1）〜（4）の内容のプログラムを、for文を用いてそれぞれ作成してください。

(1) 次の表は、ある日の8時から17時までの気温を記録したものである。これらの気温をリストtempに1件ずつ入力する。

8時	9時	10時	11時	12時	13時	14時	15時	16時	17時
7.8	9.1	10.2	11.0	12.5	12.4	14.3	13.8	12.9	12.4

(2) リストtempについて、1件ずつ気温を取り出して画面に表示する。
(3) リストtempのうち、13時のデータは計測機器の障害で不正確だと判明した。データの内容を「N/A」として新しいリストtemp_newに登録し、両方のリストを表示して登録されている内容を比較する。
(4) リストtemp_newを使って、その日の平均気温を表示する。

練習4-6

数値1の要素を2つだけ持つリストnumbersがあります。このリストについて、繰り返しによって次の処理を実現するプログラムをそれぞれ作成してください。

(1) 前の2つの要素を足した数値が次の要素の値となるように、numbersに要素を追加していく。ただし、追加する値は1000を超過しないものとする。
(2) (1) のリストnumbersについて、要素の値÷1つ前の要素の値を要素とした新しいリストratiosを作成する。

(3) (2) のリスト ratios について、各要素の値が小数点以下第3位までの値になるよう更新する。
（ヒント）0.12は10倍してint型に変換後、10で割ると0.1になる。

第Ⅱ部

Pythonで部品を組み上げよう

chapter 5　関数
chapter 6　オブジェクト
chapter 7　モジュール
chapter 8　まだまだ広がるPythonの世界

応用構文を学ぼう

うふっ…ふふふっ…うふふふふっ…♪

ど、どうしたんですか先輩。気持ち悪い笑い方して…。

松田くん、あなたまだ気づかないの？ 順次・分岐・繰り返しをマスターした今、私たちに不可能はないの。つまり卒業したのよ、Pythonをッ！

確かにいろいろ勉強したけど…。でも、ちゃんとしたプログラムを作ろうとするなら、まだまだなんじゃないですかね？

ま、そこで見ていなさい。このPythonマスター浅木が、統計だろうが人工知能だろうがチャチャッと作ってみせるわよ。うふふ♪

私たちは第Ⅰ部でPythonの基礎となる文法を学びました。これらの知識があれば、理論的にはどのようなプログラムでも作成可能です。しかし、本格的なプログラムを開発しようとすると、おそらく何らかの「壁」が立ちはだかることは容易に想像できます。
第Ⅱ部の学習を始めるにあたり、その「壁」の正体と、「壁」を突破するための方法を想像しながら、気楽に読み進めてみてください。

chapter 5
関数

これまで私たちは、print関数やinput関数など、
Pythonが備えるさまざまな関数を利用してきました。
このようなあらかじめ用意された関数だけでなく、
開発者が自らオリジナルの関数を作ることもできます。
この章では、本格的なプログラム開発に欠かせない
関数の作り方と使い方について学んでいきましょう。

contents

5.1　オリジナルの関数
5.2　引数と戻り値
5.3　関数の応用テクニック
5.4　独立性の破れ
5.5　第5章のまとめ
5.6　練習問題

5.1 オリジナルの関数

5.1.1 関数の必要性とメリット

> おや浅木さん。どうしたんだい？ そんな難しい顔をして。

> あ、工藤さん。今までよりも大きなプログラムに挑戦したくって、得点管理のプログラムを作ったんです。でも、だんだんどこで何をやっているのかわからなくなってしまって…。

浅木さんの作ったプログラムを見てみましょう（コード5-1）。

コード5-1　見通しの悪いプログラム

```
01  student_list = ['浅木', '松田']
02  for student in student_list:
03      print(f'{student}さんの試験結果を入力してください')
04      network = int(input('ネットワークの得点？ >>'))
05      database = int(input('データベースの得点？ >>'))
06      security = int(input('セキュリティの得点？ >>'))
07      if student == '浅木':
08          asagi_scores = [network, database, security]
09          asagi_avg = sum(asagi_scores) / len(asagi_scores)
10      else:
11          matsuda_scores = [network, database, security]
12          matsuda_avg = sum(matsuda_scores) / len(matsuda_scores)
13  print(f'浅木さんの平均点は{asagi_avg}です')
```

14　`print(f'松田さんの平均点は{matsuda_avg}です')`

実行結果

浅木さんの試験結果を入力してください
ネットワークの得点？　>>90
データベースの得点？　>>88
セキュリティの得点？　>>92
松田さんの試験結果を入力してください
ネットワークの得点？　>>50
データベースの得点？　>>40
セキュリティの得点？　>>60
浅木さんの平均点は90.0です
松田さんの平均点は50.0です

やりたいことが増えてきたら、プログラムが複雑になってしまって、何が何だかわからなくなっちゃいました。エラーも次から次に出てくるし…。ぐすん。

ちゃんと動いているじゃないか。がんばって作ったんだね。何が問題なのか、ちょっと立ち止まって考えてみようか。

　コード5-1は、これまで本書に登場したものと比較すると多少複雑ですが、業務で開発するプログラムは、もっと込み入った作りになります。
　たとえば、入力されたデータを厳しくチェックしたり、出力結果の見栄えをよくしたり、さらには平均値の計算より高度なデータ分析を行ったりするでしょう。そうなれば、分岐や繰り返しの構造が入り組んだ複雑なプログラムになることは想像に難くありません。プログラムの行数も、数千〜数万行に及ぶでしょう。
　そのような巨大なプログラムをこれまでどおりの作り方で作成するとどうなるでしょうか。「計算がおかしいので直してほしい」「入力チェックのルー

ルをもっと細かくしてほしい」という要望に応えるために、どこを修正したらよいかを探すだけでも大変な作業になります。

ちょっと待ってください。そんなこと言われても、プログラムが長くなるのは仕方ないじゃないですか。

たとえ長くなっても、どこでどんな処理をしているのか、見通しをよくするのは可能だよ。工夫次第で、こんな感じにスッキリ書けるんだ。

スッキリと、見通しをよくしたプログラムを見てみましょう（コード5-2）。

コード5-2 見通しがよくなったプログラム

```
01  # 得点を入力
02  asagi_scores = input_scores('浅木')
03  matsuda_scores = input_scores('松田')
04  # 平均点を計算
05  asagi_avg = calc_average(asagi_scores)
06  matsuda_avg = calc_average(matsuda_scores)
07  # 結果を出力
08  output_result('浅木', asagi_avg)
09  output_result('松田', matsuda_avg)
```

何これ、めちゃくちゃスッキリしてて、意味もわかりやすい！　なるほど、input_scoresやcalc_averageなんていう関数もPythonにはあったんですね！　やだなぁ…あるなら早く教えてくださいよ。

ははは。残念ながらそんな関数はない。でも、**ないなら作ればいい**んだよ。

これまで私たちは、関数とは「Pythonが準備してくれるもので、開発者はそれを呼び出すだけ」と考えてきました。しかし、実は私たちも創意工夫次第で、オリジナルの関数を作ることができます。もし、「キーボードから点数を入力させるinput_scores関数みたいなものがあったらいいな」と思いついたら、自分の手で作れるのです。

関数は使うだけでなく、作れる

・これまでのイメージ
　関数はPythonが準備してくれるもの。
・これからのイメージ
　関数はPythonも準備してくれているが、自分たちでも作れる。

　そして、自分でも関数を作れるようになると、プログラムを複数の「部品」に分割できるようになります。たとえば、次の図5-1のように、1つの長い処理を機能ごとにある程度分割して複数の関数に分け、それぞれの処理を担当させます。

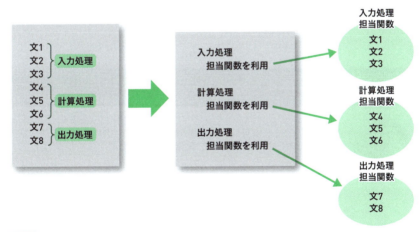

図5-1　関数による部品化

　このように、1つのプログラムを複数の部品に分けることを**部品化**といいます。

chapter 5　関数　189

プログラムを部品化すると、どの処理がどのような機能を担っているのか、プログラムをスッキリと見通せるようになり、全体を把握するのがラクになります。

また、「結果の出力がおかしい」という不具合や、「計算方法を変更したい」という要望にも、その機能を担当する関数だけを修正すれば対応できるので、ソースコードを変更する範囲を限定できます。

さらに、関数は何度でも呼び出せます。何度も行う処理を関数にしておけば、あちこちに同じ処理を記述する必要がなくなり、コーディングミスを軽減できるだけでなく、全体のコード行数が減り、コンパクトなプログラムになります。

部品化のメリット

- プログラム全体の見通しがよくなり、処理を把握しやすくなる（プログラムの可読性が向上する）。
- 機能ごとに関数を記述するため、修正範囲を限定できる（プログラムの保守性が向上する）。
- 何度も使う機能を関数にまとめることで、プログラミングの作業効率が上がる。

5.1.2　関数を使うための2ステップ

世界に1つだけの「My関数」を作れちゃうなんてワクワクしますね。

そうだろう？　それじゃさっそく、簡単な関数を作って動かしてみよう。

まずは、とてもシンプルな関数を作成して動かしてみましょう。次のコード5-3は、呼び出すと画面に「こんにちは。工藤です。」という文字列を表示

するだけの関数です。入力して、実行してみてください。

コード5-3 hello関数の定義

```
01  def hello():
02      print('こんにちは。工藤です。')
```
インデントが必要

あれ？　何も表示されませんね？

この2行は「こういう内容のhello関数を作って利用できるようにして」とPythonに指示しただけだからね。「hello関数を動かして」という指示は別にする必要があるんだ。

それでは、利用可能になったhello関数をさっそく使ってみましょう。さきほどのコード5-3に、次のコード5-4の4行目を追加して実行してみてください。

コード5-4 hello関数の定義と呼び出し

```
01  def hello():
02      print('こんにちは。工藤です。')
03
04  hello()
```
定義
呼び出し

実行結果
こんにちは。工藤です。

　このように、オリジナルの関数を使うには、**定義**（definition）と**呼び出し**（call）の2つのステップが必要です。

chapter 5 関数　**191**

関数の定義と呼び出し

- ステップ1：関数の定義
  呼び出されたらどのような動作を行うかを記述し、名前を付ける。
- ステップ2：関数の呼び出し
  関数の名前を記述して関数を呼び出す。定義された動作が実行される。

5.1.3　関数定義と呼び出し

シンプルな関数定義の構文を紹介しておこう。「def」文は英単語の「define」（定義する）に由来しているんだ。

ifやwhileと同じく、英単語の意味そのままと思えばOKなのね。

シンプルな関数の定義

```
def 関数名() :
    処理
```

※ 処理はインデントして記述する。

　関数名の右にある()の部分は、より複雑な関数を定義するときに使います。現時点では、単に「関数名の右には()を書く」と丸暗記してかまいません。
　構文の2行目以降は、この関数が呼び出されたときに実行する処理を記述します。この部分を**関数ブロック**（function block）といい、if文やfor文のブロックと同様、字下げ（インデント）してブロックの範囲を定めます。コード5-3（p.191）では、print関数による表示処理が1行だけのブロックでしたが、複数行を記述したり、条件分岐や繰り返しなどのブロックを作成したり

するのももちろん可能です。

　また、hello関数のようなシンプルな関数の場合は、次のような構文で呼び出すことができます。

 シンプルな関数の呼び出し

　関数名()

オリジナルの関数を作るのって、思ってたより簡単ですね！

そうだね。でも1点だけ大事な注意点があるんだ。

　Pythonでは、ある関数がすでに存在している状態で、まったく同じ名前の関数を定義することが許されています。このように、関数などの名前が重複した状態を、一般的に**名前の衝突**といいます。**関数名が衝突すると、関数の定義が上書きされます**。たとえば、うっかりinputという名前の関数を自分で定義してしまうと、Pythonが標準で提供しているinput関数が使えなくなってしまうのです。

えっ…。それってかなりマズくないですか。エラーとかにはならないんですか？

残念ながらエラーにはならないんだ。だからこの「名前の衝突は怖い」っていう感覚は大事にしておいてくれ。

 関数名の衝突による上書き

すでに定義されている関数と同じ名前を付けると、以前の関数は呼び出せなくなる。

---

chapter 5 関数　　193

5.1.4 ローカル変数と独立性

よし！ 試験の得点を入力する関数を作ってみよう！

```
01  def input_scores():
02      print('浅木さんの試験結果を入力してください')
```

ここで浅木さんの手が止まってしまった

あれ？ このメッセージを表示したら、私の得点しか入力できないじゃない。

　浅木さんが作りかけた関数では、「浅木さんの試験結果を…」と表示しているので、浅木さん1人の得点入力にしか使えません。もし得点を入力したい人が100人いたとしたら、似たような関数を100個も作る必要があります。

うーん、こうすればいいんじゃないかな？

松田くんが書いたコードを見てみましょう（コード5-5）。

コード5-5 input_scores関数の変数nameに代入するつもり

```
01  def input_scores():
02      name = ''
03      print(f'{name}の試験結果を入力してください')
04
05  name = '浅木'
06  input_scores()
07  name = '松田'
08  input_scores()
```

02 空の変数nameを準備
05 input_scores関数内の変数nameに代入したつもり
07 input_scores関数内の変数nameに代入したつもり

194

> **実行結果**
> の試験結果を入力してください
> の試験結果を入力してください

あれ？　名前が表示されないぞ。

　松田くんは、関数の中で変数 name を準備しておき、呼び出し側でその値を変更するアイデアを思いつきましたが、残念ながらうまくいきませんでした。なぜなら、**関数内で準備された変数は、その関数の中でしか読み書きできない**というルールがあるからです。このような変数の性質を**ローカル変数の独立性**といいます。

> **ローカル変数の独立性**
> ・関数の中で定義された変数は、その関数の中でしか使えない。
> ・その関数の外やほかの関数の中に偶然同じ名前の変数があったとしても、まったく無関係な別の存在として扱われる。

　このルールは、「1つひとつの関数は独立した1つの世界である」という考えに基づいています。関数を呼び出す側は、「関数とは呼び出せばきちんと仕事をしてくれるもの」という前提で関数を呼び出します。関数がその内部でどのような変数を準備して、どのように処理をするかまでは気にしません。
　これは裏を返せば、外の世界から関数内の変数に直接アクセスする権限がない事実を意味します。もし、外側から内部の変数に対して不用意にアクセスされてしまうと、関数は任された仕事を正しく処理する責任を果たすのが難しくなってしまうからです。関数は独立しているからこそ、関数を呼び出す側は安心してその仕事を任せることができるのです（次ページの図5-2）。

いったん仕事を任せたら、あれこれムダな口は挟まない工藤さんと同じですね。

キミたちを信頼している証拠だよ。…というか、僕自身が細かく指示されるのは苦手だからね！

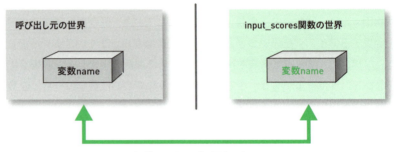

名前は同じだが別のもの

図5-2 呼び出し元と呼び出し先は別の世界

なお、関数の中で定義された変数を**ローカル変数**といいます。ローカル（local）とは、「特定の、地域限定の」という意味を持つ英単語です。

関数同士は「越えられない壁」で仕切られているから、外の世界からはローカル変数を触れないということか。

実は、その壁を越えて情報をやりとりする方法が2つ存在するんだ。次節で詳しく見ていこう。

5.2 引数と戻り値

5.2.1 引数

　前節で紹介したように、関数は「独立した1つの世界」ですから、原則として、関数の外部から関数の内部にあるローカル変数の読み書きはできません。
　しかし、関数に仕事をしてもらうためには、必要なデータをやりとりしなければならない場合もあります。そのようなときには、関数の呼び出し時に**引数**（argument）を使ってデータを送り込むことができます（図5-3）。

図5-3 関数を呼び出すときに外からデータを送り込める

　引数を利用するには、前節で紹介した関数の定義と呼び出しの書き方を変更します。実際に、コード5-4のhello関数（p.191）を変更してみましょう（コード5-6）。

コード5-6　hello関数に引数を受け渡す

```
1  def hello(name):          # 呼び出し時に渡されるデータを受け取る変数を準備
2      print(f'こんにちは。{name}です。')
3
4  hello('浅木')              # 呼び出しと同時に「浅木」を渡す
5  hello('松田')              # 呼び出しと同時に「松田」を渡す
```

実行結果

こんにちは。浅木です。
こんにちは。松田です。

おおっ！　ちゃんと名前も表示されましたよ。

まずhello関数の定義に注目してください（コード5-6の1行目）。関数名に続くカッコの中に、`name`と書かれています。これは、この関数が呼び出されたら、渡されたデータをnameという引数で受け取り、関数内で扱っていくことを表明しています。

引数もローカル変数の1つだから、関数を呼び出すとき以外にはもちろんアクセスできないよ。

次に関数の呼び出し側も見てみましょう（コード5-6の4～5行目）。これまでは単に`hello()`とだけ記述すれば呼び出せました。しかし、新しい定義では、hello関数は引数の指定を表明していますから、呼び出す変数名の後ろに書いたカッコ内で`'浅木'` `'松田'`というデータを渡しています。

このように、関数で引数を使うには、関数定義ではデータを受け取ること、呼び出し側ではデータを渡すことをきちんと表明する必要があります（図5-4）。

引数を通せば、関数はデータを受け取ってくれるんですね。

そう、引数はいわば関数と外の世界をつなぐ窓口とも考えられるね。

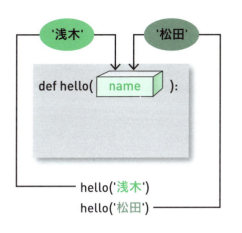

図5-4 関数に引数を渡す

　なお、呼び出し側で渡すデータ（「浅木」「松田」など）も、それを受け取る関数側のローカル変数（nameなど）も、どちらも引数と総称されます。両方を厳密に区別したい場合は、渡すデータを**実引数**、そのデータを受け取る変数を**仮引数**と呼び分けます。

> 具体的な事実のデータを渡すから「実引数」なのね。

5.2.2 複数の引数を渡す

　引数は1つだけではなく、複数を渡すこともできます。次のコード5-7は、3つの引数を受け取るprofile関数を定義し、呼び出しています。

コード5-7 複数の引数を受け渡す

```
01  def profile(name, age, hobby):
02      print(f'私の名前は{name}です。')
03      print(f'年齢は{age}歳です。')
04      print(f'趣味は{hobby}です。')
```

chapter 5 関数　199

```
05
06  profile('浅木', 24, 'カフェ巡り')
```

実行結果
私の名前は浅木です。
年齢は24歳です。
趣味はカフェ巡りです。

　profile関数の呼び出し時に指定した、「浅木」「24」「カフェ巡り」の3つのデータが、それぞれ変数name、age、hobbyに引き渡されます。引数は、呼び出し時に記述した順に従って受け取られるため、渡す順番を間違えないように注意しましょう（図5-5）。

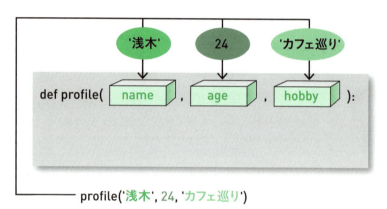

図5-5　複数の引数を渡す

　もし、`profile('カフェ巡り', '浅木', 24)`と書いてしまうと、関数が意図する動作とは異なる動きをしたり、エラーになったりする可能性があります。

 これで引数に関しては概ねマスターだ。念のため構文を確認しておこう。

引数を利用する関数の定義

```
def 関数名(引数1, 引数2, …):
    処理
```

引数を利用する関数の呼び出し

```
関数名(引数1, 引数2, …)
```

工藤さん見てください！ 引数を使ってcalc_average関数を作ってみました！ コード5-2（p.188）から呼び出せますよね。

うん、よくできてるじゃないか。引数scoresはリストを前提として、何科目分でも受け取れるように工夫したんだね。

浅木さんが作った関数を見てみましょう（コード5-8）。

コード5-8 リストの平均を求める calc_average 関数

```
01  def calc_average(scores):          リストを受け取る引数
02      avg = sum(scores) / len(scores)  受け取ったリストに格納されている得点の平均を求める
03      print(f'平均点は{avg}です')
```

引数として引き渡せるデータ

引数には、数値や文字列はもちろん、コンテナも引き渡すことができる。

5.2.3 戻り値

calc_average関数は無事作れたんですが、input_scores関数がうまくいかなくって…。

浅木さんが作った、得点を入力するinput_scores関数と、平均を求めるcalc_average関数を併せて見てみましょう（コード5-9）。

コード5-9 input_scores関数とcalc_average関数

```
01  def input_scores(name):          ← 得点入力を担当する関数
02      print(f'{name}さんの試験結果を入力してください')
03      network = int(input('ネットワークの得点？ >>'))
04      database = int(input('データベースの得点？ >>'))
05      security = int(input('セキュリティの得点？ >>'))
06      scores = [network, database, security]
07                                   ← 入力された得点をローカル変数scoresにリストとして代入
08  def calc_average(scores):        ← 平均算出を担当する関数
09      avg = sum(scores) / len(scores)
10      print(f'平均点は{avg}です')
```

これらの関数を呼び出す処理を追加して実行すると、次のようなエラーが出てしまいます。

コード5-10 input_scores関数とcalc_average関数を呼び出す

```
      :
12  input_scores('浅木')
13  calc_average(scores)    ← ここでエラーが発生
```

実行結果
NameError: name 'scores' is not defined

うーん、変数 scores は input_scores 関数の中にならあるけど、呼び出し元にはないですもんね。

　このエラーの原因も、ローカル変数の独立性（p.195）です。input_scores 関数では、ユーザーが入力した点数をローカル変数 scores にリストとして代入しています（コード5-9の6行目）。しかし、その情報はローカル変数であるがゆえに input_scores 関数の外からは手が出せず、呼び出し元や calc_average 関数の中では使用できないのです。

引数とは逆に、「関数の中から外に情報を渡す」ことができれば、何とかなりそうですけど…。

そこで「壁」を越える第2の方法、戻り値の登場だよ。

　引数は、「呼び出し元から関数へデータを渡す」しくみでした。それとは逆に、「関数から呼び出し元へデータを渡す」しくみが戻り値（return value）です（図5-6）。

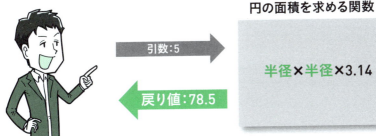

図5-6　戻り値により呼び出し元へデータを渡す

戻り値を返す関数を定義するには、次の構文を用います。

引数と戻り値を利用する関数の定義

```
def 関数名(引数1, 引数2, …):
    処理
    return 戻り値
```

※ 引数は複数の指定が可能だが、戻り値は1つのみ。

関数定義の最終行に登場したのは **return文** といいます。その関数の実行を終了するとともに、returnの後ろに記述された変数や値を呼び出し元に返す役割を担っています。戻り値には、数値や文字列のほか、リストやディクショナリなどのコンテナを指定できます。

ただし、引数は複数の利用が許されていますが、**戻り値として返せる値は1つだけ** という点に注意してください。

まずは簡単な例で動きを確認してみよう。引数で渡された値を足し算して結果を返す関数だよ。

次のコード5-11の1～3行目では、引数を足し算して戻り値として返す関数をplusという名前で定義しています。そして、5行目でplus関数を呼び出して、変数answerで戻り値を受け取っています。

コード5-11 足し算の結果を返すplus関数

```
01  def plus(x, y):
02      answer = x + y
03      return answer          ローカル変数answerの値を戻す
04
05  answer = plus(100, 50)     変数answerに戻り値が代入される
06  print(f'足し算の答えは{answer}です')
```

実行結果
足し算の答えは150です

5.2.4 関数呼び出しの正体

あれっ？ これだと、変数answerに関数が入っちゃうんじゃないですか？

松田くんは、コード5-11の5行目、plus関数の呼び出し方について疑問があるようです。

不思議な感じがするのはわかるよ。この謎を解くヒントは第1章にあるんだ。

私たちは第1章で、式や演算子による評価について学びました。その際、「input関数などの命令実行も、評価されて実行結果に置き換わる」と紹介したことを思い出してください（p.61）。関数呼び出しの際に関数名の右側に記述するカッコは、実は**関数呼び出し演算子**という演算子であり、次のような働きをします。

関数呼び出し演算子の働き

- 評価されると、左カッコの直前に記述された関数を呼び出す。そのとき、左カッコと右カッコの間に記述された引数を呼び出し先に引き渡し、実行完了を待つ。
- 呼び出した関数の実行が完了すると、返ってきた戻り値に「化ける」。

えーっ！ 関数呼び出しに書くカッコって、演算子だったんですか!? 演算子って、+や=くみたいな1文字や2文字の記号だけかと思ってましたよ。

周囲の関数名や引数を巻き込んで戻り値に化ける。立派な演算子さ。

このルールに従い、コード5-11の5行目に書かれた `plus(100, 50)` の部分は、関数の実行後に戻り値である150に置き換わります。そして、文全体は `answer = 150` という単純な代入の文になります。結果として、変数answerに戻り値が代入されるのです（図5-7）。

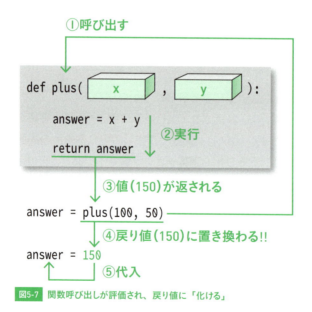

図5-7 関数呼び出しが評価され、戻り値に「化ける」

A 引数と戻り値を利用する関数の呼び出し

戻り値を受け取る変数名 = 関数名(引数1, 引数2, …)

206

> それともう1点、コード5-11の変数answer（2行目）と変数answer（5行目）は、まったく違う別の変数だということが読み取れているかな？

　plus関数内で使っている変数と、それを受け取る変数の名前がともにanswerとなっています。前節で「ローカル変数の独立性」を学んだみなさんは、これらが同じ変数ではなく、それぞれ独立した別の変数であると理解できるでしょう。

　今回の例では同じ変数名ですが、必ずしも戻り値の変数と受け取る変数の名前を揃える必要はありません。ただし、変数名は格納している値の意味が想像できるわかりやすい名称が好ましいとされます（p.53）。そのため、計算結果を格納する変数名が、呼び出し元でも呼び出し先でも同じanswerであるのは自然なことといえるでしょう。

「空っぽ」を意味するNone

　関数定義の末尾に明示的なreturn文が登場しない場合は、`return None`という記述をしたものとみなされます。Noneは、Pythonの世界では「何もない状態」「空っぽ」を意味するために準備された特殊な値です。print関数など、返すべき戻り値が特にない関数はNoneを返しています。

5.2.5　関数の連携

> …よしっ。試験結果を計算するプログラム、無事完成しました！

　浅木さんが完成させたプログラムを見てみましょう（次ページのコード5-12）。

コード5-12　関数を利用して試験結果を計算する

```
01  def input_scores(name):             ─ 得点入力を担当する関数
02      print('f{name}さんの試験結果を入力してください')
03      network = int(input('ネットワークの得点？  >>'))
04      database = int(input('データベースの得点？  >>'))
05      security = int(input('セキュリティの得点？  >>'))
06      scores = [network, database, security]
07      return scores
08
09  def calc_average(scores):            ─ 平均の算出を担当する関数
10      avg = sum(scores) / len(scores)
11      return avg
12
13  def output_result(name, avg):        ─ 平均点の出力を担当する関数
14      print(f'{name}さんの平均点は{avg}です')
15
16  # 浅木と松田の得点入力
17  asagi_scores = input_scores('浅木')
18  matsuda_scores = input_scores('松田')
19  # 平均点を計算
20  asagi_avg = calc_average(asagi_scores)
21  matsuda_avg = calc_average(matsuda_scores)   ─ input_scores関数の戻り値を引数に渡す
22  # 結果を出力
23  output_result('浅木', asagi_avg)
24  output_result('松田', matsuda_avg)            ─ calc_average関数の戻り値を引数に渡す
```

　完成した浅木さんの計算プログラムのように、「ある関数を呼び出して得られた結果を、引数として別関数に渡して処理させる」というパターンは非常に多く見られます。また、関数の中でさらに別の関数を呼び出す機会も頻繁にあるでしょう。

えっ？　関数の中で、別の関数を呼び出せるんですか？

もちろん！　今までだって、関数の中でprint関数を呼び出していただろう？

　実務などである程度の規模のプログラムを作ろうとすると、どのような関数をどのくらい作るべきか、どのように引数と戻り値をやりとりすべきかといったプログラム全体の作り、設計を考える必要が出てきます。慣れるまでは少し大変に感じるかもしれませんが、試行錯誤を繰り返していけば無意識に実践できるようになります。

そのためにも、シンプルなものを手始めに、これからも着実に練習を繰り返していこう。

はい！

5.3 関数の応用テクニック

5.3.1 暗黙のタプルによる複数の戻り値

おめでとう。定義と呼び出し、そして引数と戻り値をマスターした今、関数についてはほとんど制覇したも同然だよ。ここからは、いくつかの便利な応用テクニックを紹介していこう。

まずは、次のコード5-13のplus_and_minus関数が返す戻り値に着目してください。

コード5-13 2つの戻り値を返す？

```
01  def plus_and_minus(a, b):
02      return a + b, a - b
03
04  next, prev = plus_and_minus(1978, 1)
```

和と差の2つの値が戻り値のように見える

なるほど！ return文の後ろには、カンマ区切りで複数の戻り値を指定できるんですね！

まあ、そう見えちゃうだろうけど、returnが返す戻り値は常に1つなんだ（p.204）。

2行目のreturn文が返しているものの正体を見破るには、第2章で学んだタプルを思い出す必要があります。タプルを定義する丸カッコは、省略可能というルールがあるため（p.105）、カンマで区切られた複数の値はタプルとして扱われます。結果として、コード5-13は、次のコード5-14のように、「1つ

のタプルをreturn文で戻して、アンパック代入（p.56）している」にすぎません。

コード5-14　戻り値のタプルをアンパック代入

```
01  def plus_and_minus(a, b):
02      return (a + b, a - b)    要素数2のタプルを1つ返しているだけ
03                                返ってきたタプルをアンパック代入しているだけ
04  (next, prev) = plus_and_minus(1978, 1)
```

アンパック代入…？　ああ、変数をカンマで区切ってまとめて代入する方法ですね。

そう。カンマで区切られた値はタプルを意味するから、アンパック代入とはつまり、タプル同士の代入にすぎないんだよ。

　タプルの丸カッコを省略すると、処理の意味が紛らわしくなるため原則的には推奨しませんが（p.105）、関数の戻り値として記述する場合にのみ限定して、省略した記法を用いるのが一般的です。

5.3.2　デフォルト引数

ところで、松田くんの食生活を独自にリサーチした結果をプログラムで表現してみたんだが…。

　工藤さんのプログラムを見てみましょう（コード5-15）。

コード5-15　松田くんの食生活を表示する

```
01  def eat(breakfast, lunch, dinner):
02      print(f'朝は{breakfast}を食べました')
03      print(f'昼は{lunch}を食べました')
```

```
04      print(f'晩は{dinner}を食べました')
05
06  print('8月1日')
07  eat('トースト', 'おにぎり', 'カレー')
08  print('8月2日')
09  eat('納豆ごはん', 'ラーメン', 'カレー')
10  print('8月3日')
11  eat('バナナ', 'そば', '焼肉')
12  print('8月4日')
13  eat('サンドウィッチ', 'しゅうまい弁当', 'カレー')
```

何これ!? 晩ご飯はカレーばっかりじゃない！

カレーは無敵だからね。今月は週に6日はカレー食べてるし、eat関数を呼び出すとき、最後に「カレー」って書くのが面倒なくらいだよ。

　食生活として好ましいか否かは別として、どうやらeat関数の仮引数dinnerには、ほとんどのケースで「カレー」が指定されるようです。このように、ある仮引数に指定される値が概ね想定される場合、次のような**デフォルト引数**（default argument）というしくみを使って関数を定義するとよいでしょう。

 引数にデフォルト値を指定する関数の定義

```
def 関数名(仮引数名=デフォルト値, …):
    処理
    return 戻り値
```

※ 関数呼び出しで実引数が指定されない場合は、デフォルト値が指定されたとみなす。
※ デフォルト値を指定した以降の仮引数もデフォルト値の指定が必須となる。

これを利用して、先ほどのeat関数を呼び出す手間を低減してみましょう（コード5-16）。

コード5-16 松田くんの言うまでもない食生活を表示する

```
01  def eat(breakfast, lunch, dinner='カレー'):
02      print(f'朝は{breakfast}を食べました')
03      print(f'昼は{lunch}を食べました')
04      print(f'晩は{dinner}を食べました')
05  
06  print('8月1日')
07  eat('トースト', 'おにぎり')
08  print('8月2日')
09  eat('納豆ごはん', 'ラーメン')
10  print('8月3日')
11  eat('バナナ', 'そば', '焼肉')
12  print('8月4日')
13  eat('サンドウィッチ', 'しゅうまい弁当')
```

- 1行目: 引数dinnerにデフォルト値を設定
- 7, 9, 13行目: 引数dinnerの実引数を省略

あら便利ね♪　私の場合、朝は必ずトーストだから、こんなeat関数にすればいいわね。

```
01  def eat(breakfast='トースト', lunch, dinner):
```
第1引数にだけデフォルト値を設定したいが…

残念。デフォルト値を指定する関数定義の構文をもう一度よく確認してごらん。

Pythonのデフォルト引数には次のような制約があるため、浅木さんのeat関数を定義したこのコードはエラーになってしまいます。

デフォルト引数の制約

デフォルト引数が指定された仮引数より後ろに、デフォルト引数がない仮引数を定義してはならない。

デフォルト引数を利用する場合は、必ず一番後ろの引数から順にデフォルト値を指定するようにしましょう。

5.3.3 引数のキーワード指定

僕のeat関数の定義をより実情に合わせてみました！ ただ、夜がカレーじゃない日は、関数の呼び出しがしっくりしなくて。

松田くんは何に悩んでいるのでしょうか（コード5-17）。

コード5-17 夜がカレーじゃない日のeat関数の呼び出し

```
01  def eat(breakfast, lunch='ラーメン', dinner='カレー'):
                      ┌──昼は基本ラーメン──┐ ┌─夜は基本カレー─┐
02      print(f'朝は{breakfast}を食べました')
03      print(f'昼は{lunch}を食べました')
04      print(f'晩は{dinner}を食べました')
05
06  eat('納豆ごはん', 'ラーメン', 'カレーうどん')
                     └──昼は基本ラーメンなので、本当は省略したいが…──┘
```

昼はいつも基本的にラーメンなのですから、これを省略して eat('納豆ごはん', 'カレーうどん') のように呼び出したいところですが、実際にこのような記述をすると、「朝は納豆ごはん、昼はカレーうどん、夜はカレー」と解釈されてしまいます。そのため、松田くんは仕方なく第2引数を

省略せずに渡しているようです。このようなケースでは、**引数のキーワード指定**という構文を用いると便利です。

引数にキーワードを指定した関数呼び出し

関数名(仮引数名1=実引数1, 仮引数名2=実引数2, …)

※ 実引数に列挙された順番にかかわらず、値は指定された仮引数に引き渡される。

キーワード指定を使うと、松田くんの悩みは次のように解決できます（コード5-18）。

コード5-18 夜がカレーじゃない日のeat関数の呼び出し
（キーワード指定）

```
01  eat(breakfast='納豆ごはん', dinner='カレーうどん')   # ①
02  eat(dinner='カレーうどん', breakfast='納豆ごはん')   # ②
03  eat('納豆ごはん', dinner='カレーうどん')             # ③
```

キーワードを指定した実引数は、記述した順番にかかわらず指定した仮引数に渡されます（コード5-18①、②）。キーワードを指定しない実引数は、これまでどおり前から順に仮引数に渡されます（コード5-18③の「納豆ごはん」）。したがって、コード5-18の3つの関数呼び出しはどれも同じ意味になります。

5.3.4 可変長引数

さらに食生活のリサーチを進めたんだが、何と1日に2回もおやつを食べている日もあることが発覚した。

（ど、どこでその情報を…）ちっ、違いますよ！ 先週の水曜日はおやつ4回でしたからっ！

chapter 5 関数　**215**

日に三度の食事以外でおやつを何回か食べる場合、まず思いつくのは次のようなeat関数の定義でしょう（コード5-19）。

コード5-19 おやつも食べた日のeat関数の呼び出し

```
01  def eat(breakfast, lunch, dinner='カレー', desserts=()):
02      print(f'朝は{breakfast}を食べました')
03      print(f'昼は{lunch}を食べました')
04      print(f'晩は{dinner}を食べました')
05      for d in desserts:
06          print(f'おやつに{d}を食べました')
07
08  eat('トースト', 'パスタ', 'カレー', ('アイス', 'チョコ', 'パフェ'))
```

　01行目：要素数0のタプルをデフォルト引数に指定
　08行目：おやつの部分は丸カッコで囲んでタプルにする

　この関数は、第4引数として複数のおやつが入ったタプルを受け取ることを表明しています。従って、呼び出しの際は、おやつ部分を**丸カッコで囲んでタプルにする**のを忘れてはなりません。

> うーん、まあ気をつければいいだけかもしれないけど、朝・昼・晩・おやつ・おやつ・おやつって気軽に書けるといいんだけどなあ。

　松田くんのささやかな願いを叶える道具が、**可変長引数**というしくみです。

 可変長引数を利用した関数定義

　　`def 関数名(仮引数名1, 仮引数名2, …, *仮引数名n):`

　※ 呼び出し時にn個以上の実引数を指定できる。
　※ 第n引数以降に指定した実引数は、1つのタプルとして受け取る。
　※ 第n実引数の指定が省略された場合、関数は空のタプルを受け取る。
　※ 可変長引数は、末尾の仮引数にしか指定できない。

このしくみを用いて、より呼び出しやすいeat関数を作ってみましょう（コード5-20）。

コード5-20 おやつも食べた日のeat関数の呼び出し（可変長引数を利用）

```
01  def eat(breakfast, lunch, dinner='カレー', *desserts):
02      print(f'朝は{breakfast}を食べました')
03      print(f'昼は{lunch}を食べました')
04      print(f'晩は{dinner}を食べました')
05      for d in desserts:
06          print(f'おやつに{d}を食べました')
07
08  eat('トースト', 'パスタ', 'カレー', 'アイス', 'チョコ', 'カレー')
```

*desserts: dessertsは可変長引数を表明

'アイス', 'チョコ', 'カレー': この部分が1つのタプルとして仮引数dessertsに引き渡される

便利なのはわかったけど…、6つ目の引数も「カレー」って…。

なお、1.3.3項で紹介したformat関数も、呼び出し時に指定する引数の数を変えられる関数でした。これはformat関数が可変長引数を使って定義されているためです。

column ディクショナリを用いた可変長引数

可変長引数にタプルではなくディクショナリを用いることもできます。仮引数の前に付ける * を2つにすると、実引数をディクショナリとして受け取れます。

```
01  def eat(**kwargs):
02      for key in kwargs:
03          print(f'{key}に{kwargs[key]}を食べました')
04
05  eat(朝食='納豆', 遅めの昼食='パスタ',
        夕方のおやつ='カレーパン')
```

02行目: for文にディクショナリを指定するとキーが順番に取り出される

05行目: この部分が1つのディクショナリとして引数kwargsに渡される

実行結果

朝食に納豆を食べました
遅めの昼食にパスタを食べました
夕方のおやつにカレーパンを食べました

なお、可変長引数がタプルの場合は仮引数名を「*args」、ディクショナリの場合は「**kwargs」とする慣習があります。

5.4 独立性の破れ

5.4.1 グローバル変数

工藤さん、大変です！ 「独立性の壁」が崩壊しちゃいました！

松田くんが慌てて持ち込んだ次のコードを見てみましょう（コード5-21）。

コード5-21 引数を使わずに変数nameの値を受け渡している

```
01  name = '松田'
02  def hello():
03      print('こんにちは' + name + 'さん')
04
05  hello()
```

関数の外にある変数nameを使ってしまっている

実行結果
こんにちは松田さん

　関数は外の世界からは独立しており、引数や戻り値を使わなければ外の世界とデータのやりとりはできない。それが関数の原則でした（p.195）。しかし、コード5-21では、関数の外側（1行目）で定義した変数nameを関数の中（3行目）で使えています。

ありゃ、見つかっちゃった？　参ったなあ…。まあ一応、教えておこうか。

実は、「変数の独立性」が崩壊したかのように見える例外的なケースがいくつか存在します。コード5-21はそのうちの1つであり、このケースでは、変数nameはどの関数にも属さない場所（関数定義の外側）で定義された**グローバル変数**（global variable）と呼ばれる特殊な変数であることに起因しています。

グローバル変数とその性質

すべての関数から参照してデータを利用できる。ただし、同名のローカル変数がある場合、ローカル変数が優先して利用される。

コード5-21では、hello関数の中で変数nameを利用していますが、ローカル変数nameが定義されていないため、グローバル変数であるnameが参照されたというわけです。

これとは逆に、関数の中からグローバル変数への代入を試みてみましょう（コード5-22）。

コード5-22 関数の中からグローバル変数に代入できる？

```
01  name = '松田'
02  def change_name():
03      name = '浅木'      ← グローバル変数nameに代入しているつもり
04  def hello():
05      print('こんにちは' + name + 'さん')
06
07  change_name()
08  hello()
```

実行結果
こんにちは松田さん

エラーにはならなかったけど、名前が変わってないわ。

　コード5-22の3行目は、「change_name関数の中でローカル変数nameを定義する」と解釈されてしまいます。そして、ローカル変数の独立性の原則に従って、ローカル変数であるnameに「浅木」を代入しても、グローバル変数nameの値には影響しないのです。

　もしどうしても関数の中からグローバル変数を書き換えたい場合には、global文を使って、指定した変数はグローバル変数であると明示的に宣言する必要があります（コード5-23）。

---

 global文

```
global  変数名
```

コード5-23 global文を用いてグローバル変数に代入する

```
01  name = '松田'
02  def change_name():
03      global name         ← この関数におけるnameはローカル変数ではなくグローバル変数であると宣言
04      name = '浅木'       ← グローバル変数nameへ代入している
05  def hello():
06      print('こんにちは' + name + 'さん')
```

　コード5-23で定義した関数を、コード5-22と同様に呼び出して実行してみると、「こんにちは浅木さん」という結果が表示されます。グローバル変数nameの値が書き換わった事実が確認できるでしょう。

　このように、グローバル変数nameはchange_name関数とhello関数の2つの関数から読み書きされており、引数も戻り値も使わずに関数の連携が可能になります。グローバル変数とは、複数の関数が1つの変数を共有する手段ともいえるのです。

5.4.2 引数と戻り値の存在価値

なーんだ、じゃあ全部グローバル変数を使えば、引数も戻り値もいらないじゃないですか。global文を使えば、すべての関数からいつでも自由に書き換えできるんだし。

そうくると思ったよ。でも、それを本格的なプログラム開発でやろうとすると破綻してしまうんだよ。

　本書でこれまで紹介してきたような数十行程度の小さなプログラムならば、松田くんの提案する「全変数をグローバルに定義して、各関数から共有して利用する方法」も合理的かもしれません。すべての関数の定義や呼び出し方法は、自分ひとりが理解していればそれでよいからです。

　しかし、業務のためにプロジェクトチームで開発するプログラムや、機械学習を活用するような複雑なプログラムを作る場合は、グローバル変数の副作用による問題が噴出するでしょう。「○○関数を呼び出すときには、事前に変数△△と変数××をグローバル変数として定義して値を入れておく必要がある」「変数□□は＊＊関数で使っているから、別の関数からは絶対に書き換えてはならない」といったような暗黙のルールが無数に登場するため、大勢の開発者に混乱を招き、結果、バグや障害が頻発することになります。

グローバル変数を乱用するリスク

グローバル変数は便利だが、開発者の混乱やミスを招きやすいという副作用がある。自分ひとりだけの開発では問題になりにくいが、チームでの開発や中規模以上の開発には向かない。

　グローバル変数に頼らずに、引数や戻り値を使ってデータをやりとりする方法ならば、この副作用をかなり抑え込むことができます。呼び出そうとする関数のdef文を見れば、どのようなデータをいくつ引き渡すべきかが明確

に表明されています。さらに、ローカル変数の独立性があるおかげで、誤ってほかの関数が使っている変数を書き換えてしまう心配もありません。

　本格的な開発では、「自分が作った関数と、他人が作った関数を連携させて1つのプログラムを作る」という道を避けて通ることはできません。逆に、自分はある関数を作る役割を担い、まったく別の他人がそれを呼び出すプログラムを作る場面もあるでしょう。

　関数とは、他人と力を合わせて目的のプログラム開発を実現する、**分業のための道具**でもあります。関数を作る開発者には、「他人が作った関数と一緒に使っても副作用が出ず、安心して使える関数を作る」責務が求められるのです。

わかりました！　引数や戻り値をちゃんと使って、安心して利用できる関数を作っていきます！

引数や戻り値にはきちんと存在理由があったんですね。理屈がわかってスッキリしました。これでもう関数はどんとこいですよ！

頼もしいね。でも、関数にはまだ隠された謎が存在するんだ。次の章では、その謎を解くために新しい概念を学んでいこう。

column 関数定義と呼び出しのコーディング

　本章では、関数定義と呼び出す側のコードを1つのコードで紹介しました。また、関数定義をコードの前半にまとめて記述しました。しかし、必ずしもこの書き方でなくてはならないわけではありません。defで始まる関数の定義が呼び出し前までに実行されていれば、その関数を呼び出せます。ただし、たくさんの関数とそれを呼び出す処理をごちゃまぜにして書くと、何をしているプログラムなのか理解するのが難しくなってしまいますから、できるだけ整理して記述しておくのをおすすめします。

5.5 第5章のまとめ

関数

- 関数はあらかじめ準備されたものだけでなく、自分でも作れる。
- 関数を用いて処理を部品化すると、可読性や保守性、作業効率が向上する。
- 関数は複数人で分業するための道具である。
- 定義された関数は、()演算子を用いて何度でも呼び出せる。

引数

- 関数は仮引数を表明して、実行時にデータを受け取ることができる。
- 仮引数にはデフォルト値や可変長引数を定めることができる。

戻り値

- return文で関数の実行を終了し、呼び出し元に戻り値を返せる。
- 戻り値には、整数や文字列、コンテナを1つだけ指定できる。
- 呼び出し元では、代入文によって変数に戻り値を受け取れる。

変数の独立性

- 関数の外で定義された変数をグローバル変数、関数の中で定義された変数をその関数のローカル変数という。
- ローカル変数は、原則として関数の外から読み書きできない。
- グローバル変数の参照に制限はないが、代入にはglobal文が必要である。
- グローバル変数の利用は、自分ひとりで小さなプログラムを作る目的以外では推奨されない。

5.6 練習問題

練習5-1

次の各関数について、定義の1行目に記述する内容と、戻り値がある場合は望ましいデータ型を答えてください。なお、データ型は、表1-6（p.64）の4つの型、およびリスト・ディクショナリ・タプル・セットから選ぶものとします。

(1) 呼び出すと、「今日は晴れです」という文字列を画面に表示するweather関数
(2) 円の半径を渡すとその円の面積を返すcalc_circle_area関数
(3) 呼び出すと現在時刻を調べて、「18時25分30秒」のようなデータを返すnowstr関数
(4) 呼び出すと現在時刻を調べて、時分秒を表す3つの数値を返すnowint関数
(5) 西暦を渡すと、うるう年かを判定するis_leapyear関数

練習5-2

練習5-1の（5）のis_leapyear関数について、次の判定方法を参考にして関数定義を完成させてください。

うるう年の判定方法
・400で割り切れる年はうるう年である。
・4で割り切れる年はうるう年だが、100で割り切れる年はうるう年ではない。

また、キーボードから現在の西暦を入力させてこの関数を呼び出し、次のように表示するプログラムを作成してください。

・うるう年だった場合　　　：西暦○○年は、うるう年です
・うるう年でなかった場合：西暦○○年は、うるう年ではありません

練習5-3

次のコードについて、以下の問いに答えてください。

```
01  def take_bus():
02      print('バスに乗ります')
03  def run():
04      print('走ります！')
05  def walk():
06      print('ちょっと歩きます')
07
08  print('行ってきます！')
09  walk(); take_bus(); run(); run()
10  print('ただいま')
```

走ったあとは必ず歩くようにするために修正すべき点を挙げてください。ただし、関数でない部分（8〜10行目）は変更しないものとします。

練習5-4

次のような試験の得点を分析する関数があります。

```
01  def analyze_scores(sansu, kokugo, rika, syakai, eigo=None, *others):
02      # 処理内容は省略
03      return [max_score, min_score, avg_score]
```

この関数について述べた（1）〜（5）の文について、正しいものは○、誤っているものは×を答えてください。また、×としたものについては、その理由を説明してください。

（1）この関数を呼び出すときに、少なくとも算数・国語・理科・社会・英語の5教科の点数を引数として与えなければならない。

（2）算数・国語・理科・社会・英語がすべて80点、音楽と体育と美術がすべて70点の場合、この関数は次のコードで呼び出せる。

```
analyze_scores(80, 80, 80, 80, 80, 70, 70, 70)
```

(3) 次のコードでこの関数を呼び出したとき、仮引数 others には int 型の80 ではなく、要素数1のリスト[80]が渡される。

```
analyze_scores(80, 80, 80, 80, 80, 80)
```

(4) 次のコードでこの関数を呼び出すと、仮引数の定義順とは異なる任意の順で実引数を指定できる。

```
analyze_scores(eigo=80, kokugo=20, rika=30, syakai=40, sansu=70)
```

(5) この関数は次の2つの方法で呼び出せる。

```
result = analyze_scores(1, 2, 3, 4, 5)
[x, n, g] = analyze_scores(1, 2, 3, 4, 5)
```

練習5-5

次のようなルールに基づいて割り勘を計算するプログラムがあります。

- 1人あたりの支払額は支払総額を参加人数で割った金額とする。
- 支払いの単位は100円とし、100円未満の金額がある場合は切り上げる。
- 支払額を超過した分は、幹事が受け取ることができる。

```
01  # 計算データの入力
02  amount = int(input('支払総額を入力してください >>'))
03  people = int(input('参加人数を入力してください >>'))
04
05  # 割り勘の計算
06  dnum = amount / people      # 総額を人数で割る（端数も保持）
07  pay = dnum // 100 * 100     # 100円未満を切り捨てる
08  if dnum > pay:              # 元の値と比較して、
09      pay = int(pay + 100)    # 小さければ100円未満があったので上乗せ
10
```

```
11  # 幹事の支払額の計算
12  payorg = amount - pay * (people - 1)
13
14  # 結果の表示
15  print('*** 支払額 ***')
16  print(f'1人あたり{pay}円({people}人)、幹事は{payorg}円です')
```

次の(1)〜(3)の機能について、それぞれの仕様に従って関数に部品化して利用するようにプログラム全体を修正してください。

(1) int_input関数

機能	画面に入力を促すメッセージを表示し、入力結果を数値に変換して返す メッセージの例)○○を入力してください >>
引数	入力を促す項目を示す文字列
戻り値	入力された数値

(2) calc_payment関数

機能	割り勘の額を計算する。ただし、幹事以外の支払額は100円単位に丸めて切り上げる 例)813 → 900、1370 → 1400
引数	支払総額、参加人数(省略時は2とする)
戻り値	1人あたりの支払額(100円単位)と幹事支払額

(3) show_payment関数

機能	渡された引数を見やすく表示する 例)*** 支払額 *** 　　1人あたり○円(○人)、幹事は○円です
引数	支払額、幹事支払額、参加人数(省略時は2とする)
戻り値	なし

chapter 6
オブジェクト

前章で関数を学んだ私たちは、大きなプログラムも機能ごとに部品化して開発できるようになりました。しかし、Pythonにおける関数には、重大な落とし穴が存在します。この章では、その鍵となる「オブジェクト」という概念を学び、より安全で合理的に関数を使えるようになりましょう。

contents

6.1 「値」の正体
6.2 オブジェクトの設計図
6.3 オブジェクトの落とし穴
6.4 第6章のまとめ
6.5 練習問題

6.1 「値」の正体

6.1.1 format関数の謎

print()もただの関数で、似たようなものを自分でも作れるって知ったときは、ちょっと感動しちゃいましたよ。

本当にね。でも、関数のことがわかったら、format()の構文が気になっちゃって。

　前章で私たちは、オリジナルの関数を作る方法を学びました。これまで用いてきたprint関数やinput関数も、Pythonがあらかじめ定義してくれていた関数にすぎません。そのため、これらの関数も自分で作ったオリジナル関数も、**関数名(引数)** という共通の構文で同じように呼び出せます。

　しかし、私たちが第1章で出会ったformat関数（p.73）や、第2章で出会ったappend関数（p.88）は、通常の関数とは異なる呼び出し方で記述していたのを浅木さんは思い出したようです（コード6-1）。

コード6-1　append関数やformat関数の呼び出し

```
01  tpl = '3人目は{}さん'
02  names = ['松田', '浅木']
03  names.append('工藤')
04  message = tpl.format(names[2])
05  print(message)
```

「値.関数名()」の形式で呼び出す

append()やformat()も関数の一種には違いないんだが、「値に所属している」という意味で、実は少しだけ特殊な存在なんだ。

えっ!?　関数が、値に所属…？

　この謎を解くためには、今まで描いてきた「値」のイメージを新たにしなければなりません。たとえば、これまではコード6-1の1行目に登場する変数tplには、単に「3人目は{}さん」という文字列が値として入っている様子をイメージしてきました。しかし、実際には、図6-1のような姿をしています。

今までの「値」のイメージ　　　これからの「値」のイメージ

図6-1　「値」の従来のイメージと新しいイメージ

文字列と関数が組み合わされて入っている、ということですか？

ご名答。「関数なんて一緒に入れた覚えはない！」と思うかもしれないが、Pythonでは、文字列はformat()やstrip()といった関数と組み合わせて1つの値として扱う、と決まってるんだ。

　「ただの文字列ととらえていたものが、実は関数を従えている」という事実は、文字列だけに当てはまるわけではありません。これまで当然のように変数に入れて扱ってきた整数、真偽値、リストなどそれぞれが、データに加えて、いくつかの決められた関数を従えているのです（次ページのコード6-2）。

コード6-2 すべての値がデータと関数を持つ

```
01  num = 10
02  print(num.bit_length())
03  names = ['松田', '浅木']
04  names.append('工藤')
```

- 10は bit_length 関数を従えている
- リストは append 関数を従えている

　このように、あるデータと、そのデータに関する処理を行う関数がひとかたまりとなっているものを**オブジェクト**（object）といいます。Pythonでは、**あらゆる値はオブジェクトとして扱う**決まりになっています。

すべての値はオブジェクト

- 「データ」と「そのデータに関する処理を行う関数」をひとかたまりにしたものをオブジェクトという。
- Pythonにおけるあらゆる値はオブジェクトである。

あらゆるものをオブジェクトとして扱うのが、Pythonの特徴の1つなんだ。

　オブジェクトに所属する関数は、特に**メソッド**（method）とも呼ばれ、次の構文で呼び出す決まりです。

メソッドの呼び出し

オブジェクト.メソッド名(引数…)

※ オブジェクトには、リテラル、オブジェクトが格納された変数、オブジェクトを戻り値として返す関数呼び出しを指定できる。

6.1.2 オブジェクトの型

今までただの数として扱ってきた3や10も、関数を従えたオブジェクトだったのか…！

今まで見ていた世界が急に変わってしまった感じね。それにしても、どのオブジェクトがどんな関数を持っているのかしら。

　前項で紹介したように、文字列オブジェクトなら文字列データに加えてformat関数を、リストなら各要素に加えてappend関数を従えています。一般的には、オブジェクトが従える関数には、次のような原則があります。

オブジェクトが従える関数を決定するもの
オブジェクトが従える関数は、「型」によって決まる。

　すべてのオブジェクトには、必ずその種類を表す「型」があります。これは、オブジェクトの型を調べる機能を持つtype関数によって知ることができます（p.67）。たとえば、3や10といった数値リテラルのオブジェクトはint型、input関数が返すキーボードからの入力データはstr型でした。
　そして、あるオブジェクトがどんな関数を従えているかは、通常、そのオブジェクトの型によって決定されます。たとえば、整数型（int型）のオブジェクトならば、bit_length関数を必ず従えていますし、リスト型（list型）のオブジェクトならば、append関数を必ず従えています。
　Pythonが備える型の種類と、それぞれの型のオブジェクトが持つメソッドは、Pythonの公式サイトにドキュメントとして公開されています（次ページの図6-2、https://docs.python.org/ja/3/library/stdtypes.html）。

整数型における追加のメソッド

整数型は numbers.Integral 抽象基底クラス を実装します。さらに、追加のメソッドをいくつか提供します:

int.bit_length()
　整数を、符号と先頭の 0 は除いて二進法で表すために必要なビットの数を返します:

```
>>> n = -37
>>> bin(n)
'-0b100101'
>>> n.bit_length()
6
```

図6-2　Python 公式ドキュメントにおける int 型のメソッド紹介

6.1.3　文字列オブジェクトが持つメソッド

> 工藤さん！　公式ドキュメントを見ていたら、str 型ってたくさんメソッド持ってるじゃないですか！　こんなに、どうやって使うんですか？

> もう見つけたのかい。仕方ない、ちょっとだけ紹介するか。

　文字列（str 型）は、Python が標準で提供する型の中でも特に多くの便利なメソッドを持っています。これらのメソッドを使うと、文字列を効率的に操作できます（表6-1）。

表6-1　str 型オブジェクトが備える代表的なメソッド

メソッド名	機能
capitalize()	先頭文字だけ大文字に、残りを小文字にする
lower()	すべてを小文字にする
upper()	すべてを大文字にする
title()	単語の先頭だけを大文字に、残りを小文字にする
strip()	文字列の前後の空白を取り除く
split(●)	文字列●で区切り、各要素をリストで返す
replace(●,■)	文字列中の●部分を■に置き換えた結果を返す
count(●)	文字列●が登場する回数を返す

　次のコード6-3は、これらのメソッドを用いた例です。

コード6-3 文字列のメソッドを活用した血液型占い

```
01  userinfo = input('名前と血液型をカンマで区切って1行で入力 >>')
02  [name, blood] = userinfo.split(',')
03  blood = blood.upper().strip()
04  print(f'{name}さんは{blood}型なので大吉です')
```

実行結果

名前と血液型をカンマで区切って1行で入力 >>工藤,b
工藤さんはB型なので大吉です

ま、あくまでも一例だよ。興味がわいたら、いろいろと試してみるといいだろう。

---

column

関数さえオブジェクト

　Pythonでは、文字列や整数だけでなく、関数も、「呼び出されたら動作する内容を保持する値」という考えのもとにfunction型オブジェクトとして扱います。第5章で学んだdefによる関数定義（p.192）とは、関数名と同じ名前の変数を準備し、そこに関数オブジェクトを代入する行為なのです。また、**関数名()**による関数の呼び出しは、変数内のオブジェクトを取り出し、処理を起動して、戻り値に化ける動作です。関数さえもオブジェクトとして扱うPythonの特徴を、次のコードで体験してみてください。

```
01  def add(x, y):
02      return x + y
03
04  type(add)
05  newadd = add
06  print(newadd(4, 5))
```

- 01–02: 関数オブジェクトを定義し、変数addに代入
- 04: 変数addの型を調べる
- 05: 変数に代入されたオブジェクトは別の変数にコピー可能
- 06: コピーされた関数オブジェクトを起動

chapter 6 オブジェクト　235

6.2 オブジェクトの設計図

6.2.1 オブジェクトの姿を決定づける設計図

型によってメソッドは決まっていると紹介したけれど、これは型ごとの「設計図」に書いてあるからなんだ。

　Pythonのそれぞれの型には、「この型のオブジェクトなら、この関数をメソッドとして従えるべきである」というルールがあることを紹介しました（p.233）。これは、オブジェクトの設計図のようなものがPython内部に用意されているためで、正式にはこの設計図を**クラス**（class）といいます。すべてのオブジェクトはこのクラス定義に基づいて誕生し、どのクラスから生まれたかによって、型と持つメソッドが決まります（図6-3）。

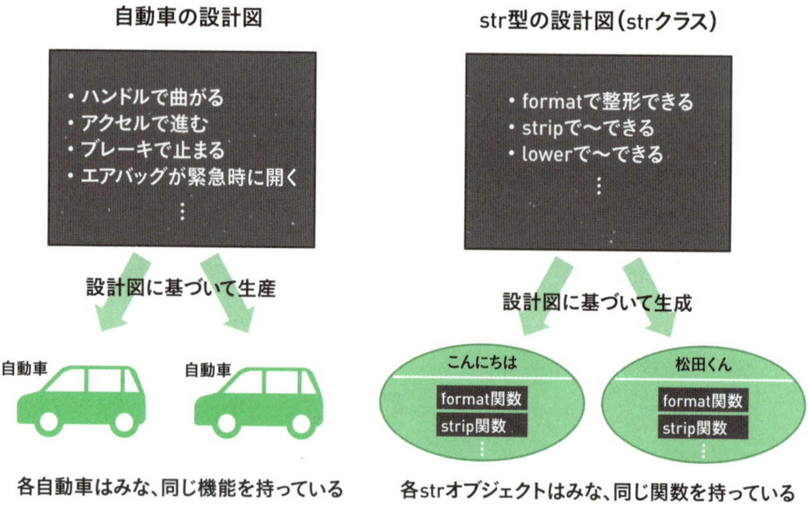

図6-3 設計図から生まれるオブジェクト

じゃあ、僕たちがフツーに使ってきた文字列も、この設計図を使って生まれてきた文字列オブジェクトなんですか？

そうだよ。松田くんは「str型の設計図に基づいて生まれてこい」なんて指示した覚えはないだろうけどね。

　これまで何気なくソースコード上に書いてきたリテラルには、実は、「クラスに基づいてオブジェクトを生み出し、そのオブジェクトに化けろ」という意味があります。より具体的には、各リテラルは次の表6-2に示すクラスを用いてオブジェクトを生成する指示と解釈されます。

表6-2 リテラルによるオブジェクト生成に用いられるクラス（一部）

リテラル	オブジェクト生成に用いるクラス
小数点を含まない数字	int クラス
小数点を含む数字	float クラス
引用符で囲まれた文字	str クラス
[] で囲まれた文字	list クラス
{} で囲まれた文字	{ ～ : ～ } 形式なら dict クラス { ～ } 形式なら set クラス

私たちが軽い気持ちでコードに書いていた数字や文字を使って、Pythonはすごい仕事をこなしていたのね。

　なお、設計図からオブジェクトを生み出す手段は、リテラルを使う方法だけではありません。Pythonでは、次の構文を用いて、あらゆる設計図からオブジェクトを生み出せます。

 クラス名関数によるオブジェクト生成

　　変数名 = クラス名()

※ クラスによっては、引数としてさまざまな設定や初期値を渡せる（詳細はPython公式ドキュメントを参照）。

たとえば、intやlistオブジェクトも、クラス名と同じ名前の関数を使って生成できます（コード6-4）。

 **コード6-4** リテラルやクラス名関数を用いたオブジェクトの生成

```
01  int_value1 = 0                          intオブジェクトを生成（中身のデータは0）
02  int_value2 = int()
03  int_value3 = int(9)                     intオブジェクトを生成（中身のデータは9）
04  list_value1 = []                        空のリストオブジェクトを生成
05  list_value2 = list()
06  list_value3 = list(('松田', '浅木'))    2つの要素を持つリストオブジェクトを生成
```

 オブジェクトの生成方法

クラスに基づいてオブジェクトを生成する方法は2つ存在する。
① リテラルを用いる（使われるクラスは記述に応じて自動的に決まる）。
② クラス名と同名の関数を呼び出す。

---

column

 コンテナ変換関数の正体

　コード6-4の最後の行に着目してください。引数として渡されている('松田', '浅木')の部分は、実はタプルとして解釈されるため（p.101）、list関数に1つのタプルを渡している状態です。これは、コンテナを相互変換する関数（p.108）とまったく同じです。第2章では、引数に渡したコンテナを目的のコンテナに変換してくれる関数として紹介しましたが、より正確には、それぞれのコンテナクラスからオブジェクトを生み出す関数だったのです。

6.2.2 オリジナルの設計図を作る

実は、設計図であるクラスも、関数と同じように自分たちで作れるんだ。

ええっ。設計図が作れるってことは、自分で「型」が作れるってことじゃないですか！

　Pythonには、私たちがオリジナルの設計図を作ってそのオブジェクトを利用するための専用の構文が存在します。すべての人に必要となる知識ではないため紹介のみに留めますが、コード6-5でその雰囲気に触れておきましょう（構文やしくみを厳密に理解する必要はありません）。

sleepメソッドの仮引数selfは、現段階では、メソッドの第1引数に書く決まり文句と思ってくれていいよ。これはオブジェクト自身を表す変数なんだ。

コード6-5 勇者を表すクラスの定義と利用

```
01  class Hero:
02      name = '松田'
03      hp = 100
04      def sleep(self, hours):
05          print(f'{self.name}は{hours}時間寝た！')
06          self.hp += hours
07  
08  # ゲーム開始
09  print('スッキリファンタジーXII　～金色の理想郷～')
10  h = Hero()
11  h.sleep(3)
```

データとしてnameとhp、関数としてsleepを持つオリジナル設計図Heroを定義

HP100の勇者・松田がオブジェクトとして誕生

```
12  print(f'{h.name}のHPは現在{h.hp}です')
```

> **実行結果**
> スッキリファンタジーXII　〜金色の理想郷〜
> 松田は3時間寝た！
> 松田のHPは現在103です

ゲームが始まって、僕、すぐに寝ちゃってるじゃないですか！まあ、よく寝ますけど…。

リアルでいいじゃないか。それにこのオブジェクト、HPデータを持ってたり眠れたりと、まるでRPGの「勇者」みたいだろ？

　コード6-5では、Heroという設計図からオブジェクトが生み出されています（10行目）。このオブジェクトは、sleep関数に加え、nameやhpといった複数のデータも持っていますね。オブジェクトに属する関数をメソッドと呼ぶように、オブジェクトに属する個々のデータは、**属性**（attribute）と呼びます。

　今後、この勇者の設計図に、攻撃力の属性や攻撃するなどのメソッドを追加すれば、より本格的なゲームに利用可能であると想像できます。このように、オブジェクトにさまざまな属性やメソッドを持たせて活用していく考え方を、**オブジェクト指向プログラミング**（object oriented programming）といいます。本書では詳しく紹介しませんが、オブジェクトを上手に活用すると、ラクに・楽しく・複雑なプログラムを開発できることをぜひ知っておいてください。

結局、クラスって金型みたいなものですよね？　金型を一度作っておけば、同じ形のたい焼きがどんどん作れるみたいな。

> 相変わらずハイカロリーな発想だが理解自体は合っているよ。
> そして、いろんな金型を揃えているのがPythonの強みなんだ。

　もし仮に、さまざまなステータスの属性や行動のメソッドを持つHeroクラスが準備されていれば、私たちはたった1行 `h = Hero()` と書くだけで、豊富な属性やメソッドを持つ勇者を生み出すことができます。

　残念ながらHeroクラスは存在しませんが、ファイル操作やOS制御、通信、データ分析などの各分野で役に立つたくさんの金型を、Pythonは標準で準備しています。私たちは、それらの準備されたクラスからオブジェクトを生み出し、属性やメソッドを使うだけで、データベースアクセスやネット通信などをはじめとする非常に高度で複雑処理を簡単に実現できるのです。

Pythonの標準クラス

Pythonは、種類豊富なクラスを標準で準備している。私たちは、その金型からオブジェクトを生み出して自由に利用できる。

6.3 オブジェクトの落とし穴

6.3.1 オブジェクトのidentity

Pythonが準備してくれたクラス、マーケティングにも使えるものもあるのかなあ。早く使ってみたいです！

そうだね！　ただ、クラスをうまく使いこなすためには、落とし穴をしっかり知っておいてほしいんだ。

　ここまで紹介してきたように、豊富に準備されているさまざまなクラスやオブジェクトを効果的に使いこなせるか否かが、Python活用の成否を握るといえるでしょう。しかし、Pythonのオブジェクトには、1つ大きな落とし穴が潜んでいます。落とし穴のからくりを見破り、回避するための鍵となるのがidentityという概念です。

　identityとは、すべてのオブジェクトに自動的に割り振られる管理用の番号です。Pythonでは、あるオブジェクトが生み出されると、自動的にほかと重複しない整数の値がidentityとして付与されます。そして、そのオブジェクトが消滅するまで変わることはありません。

　あるオブジェクトのidentity値は、id関数を使って調べることができます（コード6-6）。

コード6-6　オブジェクトのidentityを確認

```
01  scores1 = [80, 40, 50]
02  scores2 = [80, 40, 50]
03  print(f'scores1のidentity: {id(scores1)}')
04  print(f'scores2のidentity: {id(scores2)}')
```

```
05
06  if scores1 == scores2:
07      print('scores1とscores2は同じ内容です')
08  else:
09      print('scores1とscores2は違う内容です')
10
11  if id(scores1) == id(scores2):
12      print('scores1とscores2は同じ存在です')
13  else:
14      print('scores1とscores2は違う存在です')
```

実行結果

```
scores1のidentity: 4451042816
scores2のidentity: 4451043136
scores1とscores2は同じ内容です
scores1とscores2は違う存在です
```

この値は実行するたびに変化する

2つのリストがそれぞれ異なるidentity値を持つことを確認したうえで、6行目と11行目に着目してください。6行目ではオブジェクトの「内容」が等しいかを判定している一方で、11行目ではオブジェクトの「identity値」が等しいか（同一のオブジェクトか）を判定しています。プログラミングの世界では前者の判定を**等価判定**、後者を**等値判定**といいます。

等価と等値

内容が等しければ「等価」、存在が等しければ「等値」である。

scores1とscores2は、同じ内容を持つ、違うオブジェクトなんですね。

正解！ そしてこのidentityが、変数に入っている「本当のもの」を知る鍵なんだ。

6.3.2 参照

　変数にオブジェクトが格納される様子を、図6-4の左図のような姿で理解していた人も多いのではないでしょうか。しかし、このイメージは厳密には正しくありません。実は、図6-4の右図のように、変数にはオブジェクト自体は入っておらず、そのidentity値が格納されているのです。

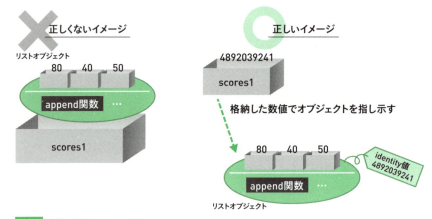

図6-4　変数に格納されたオブジェクトのイメージ

変数に入ってるのはidentity値、つまりただの数値なんだ。オブジェクトは変数の中じゃなくて別の場所にあるんだよ。

　変数scores1の中には、オブジェクト自体は入っていません。その代わりに、「この変数の詳細は、identity値のオブジェクトを見てください」というように、オブジェクトを指し示す数値が入っています。このように、別のところにある実体を指し示すための数値を、プログラミングの世界では**参照**（reference）といいます。

このことを頭の片隅に入れたうえで、次のコードの不思議な動きについて考えてみよう。

次のコード6-7は、実行すると一見不可解とも思える結果が表示されます。

コード6-7 リストオブジェクトのコピーによる不可解な動作

```
01  scores1 = [80, 40, 50]
02  scores2 = [80, 40, 50]
03  print(f'scores1の先頭要素は{scores1[0]}')
04  print(f'scores2の先頭要素は{scores2[0]}')
05
06  print('変数scores2の中身を変数scores1に代入(コピー)します')
07  scores1 = scores2
08
09  print('scores1の先頭要素を90に書き換えます')
10  scores1[0] = 90
11
12  print(f'90を代入したscores1の先頭要素は{scores1[0]}')
13  print(f'90を代入していないscores2の先頭要素は{scores2[0]}')
```

実行結果

scores1の先頭要素は80

scores2の先頭要素は80

変数scores2の中身を変数scores1に代入(コピー)します

scores1の先頭要素を90に書き換えます

90を代入したscores1の先頭要素は90

90を代入していないscores2の先頭要素は90

> 90を代入していないのに90になっている!

これは変ですよ。変数scores2には90を入れてないのに90になっている。ってことはつまり…。

そう。ポイントは7行目でコピーしている「もの」だ。

7行目では「scores2の中身をscores1に代入」していますが、**ここでコピーされるのは、identityというただの数値**だと思い出す必要があります。つまり、リストをコピーしているのではなく、参照（identity値）をコピーしているにすぎないのです。そのため、scores2とscores1とは実質的に同じオブジェクトを指し示す状態になります（図6-5）。

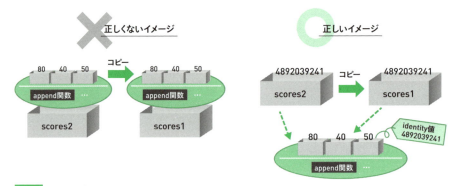

図6-5 リストオブジェクト代入のイメージ

結局、代入によって、scores2もscores1も同じオブジェクトを指し示してしまうんですね。

そのとおり。もはやscores1とscores2は、同一のリストオブジェクトに付けられた2つの名前にすぎないんだ。コード6-7の10行目の `scores1[0] = 90` は、`scores2[0] = 90` と書いても同じなんだよ。

代入文でコピーされるもの

ある変数を代入文でコピーすると、オブジェクトではなく参照がコピーされる。そのため、同一のオブジェクトに対して複数の異なる名前でアクセスするようになる。

column 「箱」より「名札」に近いPythonの変数

　ほぼすべてのプログラミング言語には変数のしくみがあり、よく「データを入れる箱」という例えで紹介されます。本書でも冒頭から、変数を箱に例えてきました。

　しかし、図6-5のような構図を考えると、Pythonにおける変数とは、「identity値にわかりやすい名前を付けたもの」と考えることもできます。実際、Pythonの公式ドキュメントでは、変数への代入を名前付け（naming）と表現しています。

6.3.3 参照による副作用

参照は、オブジェクトを指し示すためのしくみなんですね。

でも、これのどこが落とし穴なんですか？

参照自体は落とし穴じゃないよ。ただ、参照と関数を組み合わせたとき、やっかいなトラップが発動する可能性があるんだ。

　私たちは第5章で、変数の独立性について学びました（p.194）。それぞれの関数で定義された変数（引数を含む）は、基本的に独立していて外部から

はアクセスできません。仮に同じ名前の変数が関数の外に存在したとしても、まったくの別物として解釈される、というルールでした。

このため、関数同士でデータをやりとりするためには、わざわざ引数や戻り値といったしくみを使う必要がありました。しかし、独立性が保証されているおかげで、「ある関数を呼び出したら、自分が使っていた変数と同じ名前の変数を偶然使っていて、変数の中身を壊されてしまった」などという事故は起こらず、一定の安心感を得られたのです。

本格的な開発では、赤の他人が作った関数を呼び出す機会もざらにある。だから、関数を使っても、自分が作った部分には悪影響が出ないという保証は、分業には絶対に欠かせない重要な基盤なんだ。

しかし、引数や戻り値を利用していても、ある状況では呼び出した関数に変数を破壊されてしまうという事故が起こり得るのです。実際に、次のコードで確認してみましょう（コード6-8）。

コード6-8　関数に変数の内容を書き換えられてしまう

```
01  def add_suffix(names):          # 渡されたリスト内の名前に「さん」を付ける関数
02      for i in range(len(names)):
03          names[i] = names[i] + 'さん'
04      return names
05
06  before_names = ['松田', '浅木', '工藤']
07  after_names = add_suffix(before_names)    # add_suffixから返されたリスト内の先頭の要素
08  print('さん付け後:' + after_names[0])
09  print('さん付け前:' + before_names[0])    # add_suffixに渡したリスト内の先頭の要素
```

実行結果

```
さん付け後:松田さん
さん付け前:松田さん        # なぜか「さん」が付いてしまっている！
```

> あれれ。before_namesの要素には「さん」付けを指示してないはずなのに。

> これが、ほかならぬ「参照による副作用」なんだ。

　コード6-8の7行目では、add_suffix関数に引数としてリストbefore_namesを渡しています。しかし、ここで呼び出し先に渡されるのは、リストオブジェクトそのものではなく、before_namesを指す参照（identity値）です。これにより、add_suffix関数の仮引数namesは、before_namesと同じものを指し示します。つまり、add_suffix関数内でリストnamesの中身を変更すると、呼び出し元のbefore_namesの中身も変更されてしまうのです。

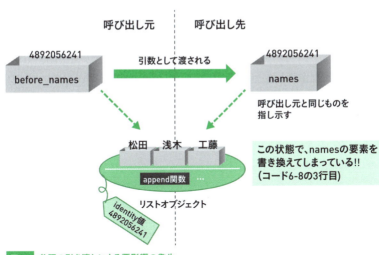

図6-6　参照の引き渡しによる悪影響の発生

　このように、**引数や戻り値として参照をやりとりすると、変数の独立性が崩れる**現象は、さまざまなプログラミング言語に共通の落とし穴としてよく知られています。特に、すべての値がオブジェクトとして扱われるPythonでは、引数や戻り値は常に参照であるため、このような副作用が発生するリスクと隣り合わせなのです。

chapter 6 オブジェクト　**249**

Pythonの関数には常にリスクが伴う

Pythonでは、関数に引数を渡すと、その内容が破壊されてしまうリスクが必ず付きまとう。

6.3.4 防御的コピー

自分の変数が壊される可能性があるなんて、困ります！

そうですよ。そんなリスクを考えたら、Pythonがいくら便利な関数やクラスを準備してくれても、怖くて呼び出せないですよ。

　Pythonが準備している関数やクラスは、専門家が十分に検討して作ったものなので、変数を破壊してしまうリスクは小さいといえます。しかし、コード6-8のような意図しない破壊を確実に避けたい状況で用いるテクニックとして、**防御的コピー**があります。大事なデータは関数にそのまま渡すのではなく、複製したものを渡して、万が一破壊されても影響が出ないようにするテクニックです。

　防御的コピーを使ってコード6-8を改良したコード6-9を見てみましょう。

コード6-9　防御的コピーを用いて悪影響を防ぐ

```
01  def add_suffix(names):
02      for i in range(len(names)):
03          names[i] = names[i] + 'さん'
04      return names
05
06  before_names = ['松田', '浅木', '工藤']
07  copied_names = list()
08  for n in before_names:
09      copied_names.append(n)
```

渡されたリスト内の名前に「さん」を付ける関数

リストを複製する

```
10  after_names = add_suffix(copied_names)     複製したリストを関数に渡す
11  print('さん付け後:' + after_names[0])
12  print('さん付け前:' + before_names[0])
```

実行結果
さん付け後:松田さん
さん付け前:松田

　ポイントは7〜9行目です。before_namesが指すリストオブジェクトを丸ごと複製してcopied_namesという別のリストオブジェクトを作り、add_suffix関数に引き渡しています。この方法であれば、add_suffix関数による動作がbefore_namesに影響を及ぼすことはありません（図6-7）。

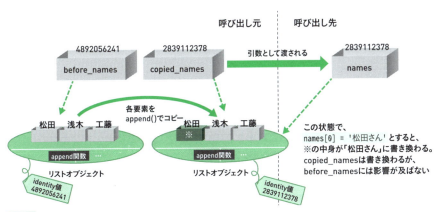

図6-7　防御的コピーを用いて悪影響を防ぐ

防御的コピー

元の変数から複製したものを関数に引き渡せば、万が一中身を壊されても元の変数には影響が及ばない。

ちなみに、コード6-9の7〜9行目は、copyメソッドを使った `before_names.copy()` やスライス（p.90）による `before_names[:]` でも実現できる。現場ではこちらのやり方をよく見かけるだろう。

listオブジェクトは、自身の中身を複製した別のリストオブジェクトを返すcopyメソッドを持っていますが、すべての型のオブジェクトがcopyメソッドを持つとは限りません。もし持たない場合は、コード6-9の7〜9行目のように、明示的に内容を1つずつコピーするか、Pythonが提供するcopyモジュールを利用して複製します（モジュールについては第7章で紹介）。

6.3.5 不変オブジェクト

工藤さん！　なぜか独立性が崩れないケースを見つけちゃいました！

松田くんは、次のコード6-10で、なぜか変数の独立性が崩れないケースを発見したようです。先ほどのコード6-8（p.248）とほぼ同じですが、add_suffix関数に渡す引数が、リストではなく文字列に変わっています。

コード6-10 文字列を渡しても悪影響が起きない　

```
01  def add_suffix(name):              渡された名前に「さん」を付ける関数
02      name = name + 'さん'
03      return name
04
05  before_name = '松田'                文字列を渡している
06  after_name = add_suffix(before_name)
07  print('さん付け後:' + after_name)   add_suffixから返された名前
08  print('さん付け前:' + before_name)  add_suffixに渡した名前
```

実行結果
さん付け後：松田さん
さん付け前：松田 ── 防御的コピーをしていないのに「さん」が付かない

　確かにこのケースでは、防御的コピーはしておらず、add_suffix関数の中で引数nameを書き換えているため、同じオブジェクトを指すbefore_nameも書き換えられてしまうと予測できます。しかし実行結果を見る限り、add_suffix関数で行った書き換えは呼び出し元のbefore_nameには影響を及ぼしておらず、独立性が保たれています。

どうして？　防御的コピーをしないと、てっきり呼び出し先の関数でデータを壊されてしまうと思っていたのに…。

これこそ、この章で最後に学ぶ、「落とし穴と見せかけて落とし穴じゃない」という特殊なパターンなんだ。

　Pythonに登場するすべてのオブジェクトは、書き換えができるかできないかによって、次の2種類に分類できます。

不変性によるオブジェクトの分類

- 可変（mutable）オブジェクト　　：中身の値を書き換えられる
- 不変（immutable）オブジェクト：中身の値を書き換えられない

　あるオブジェクトが可変か不変かは、そのオブジェクトの型によって決まります。ほとんどの型は基本的に可変ですが、一部は不変な型として作られています。

オブジェクトが不変となる代表的な型

- int型、str型、bool型などの一部の標準的な型
- tuple型（コンテナのタプル）

え？　私、文字列型の変数とか普通に書き換えてますよ。これのどこが不変なんですか？

浅木さんと同じ疑問を感じた人は、次のコード6-11を実行して確かめてみてください。

コード6-11 identity値の変化の比較

```
01  print('identityの変化を比較')
02
03  names = list()   # リストの場合
04  print(f'list（変更前）：{id(names)}')
05  names.append('松田')
06  print(f'list（変更後）：{id(names)}')
07
08  name = '松田'    # 文字列の場合
09  print(f'str（変更前）：{id(name)}')
10  name = 'スーパー' + name
11  print(f'str（変更後）：{id(name)}')
```

実行結果

```
identityの変化を比較
list（変更前）：4462142594
list（変更後）：4462142594    ) identityは変わっていない
str（変更前）：4462142720
str（変更後）：4464511792     ) identityが変わっている！
```

リストは要素を追加してもidentityは変わっていないのに、文字列のほうは変わっています！　ということは…、別のオブジェクトになっちゃったってことじゃないですか！

そうなんだ。「松田」が「スーパー松田」に変わったんじゃない。「松田」とは違う、別の新しい「スーパー松田」が生まれたんだ。

　int型やstr型のような不変オブジェクトは、一度オブジェクトが生まれたら、その後は絶対に内容を書き換えられないように設計されています。そのため、コード6-11のように無理矢理その内容を書き換えようとすると、書き換え後の内容を持つ別のオブジェクトがその場で生み出されるのです（図6-8）。

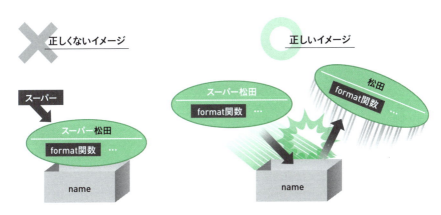

図6-8 不変オブジェクトに対する書き換えのイメージ

不変オブジェクトを書き換えたときの動作

- 不変オブジェクトを書き換えようとすると、別のオブジェクトとして生まれ変わる。
- 元のオブジェクトは変化することなく、捨てられる。

　不変オブジェクトのこのような特性を理解すれば、コード6-10（p.252）で独立性が崩れなかった理由は、次のように説明がつきます。

- 1行目で受け取った引数nameには、呼び出し元のbefore_nameと同じidentity値（例：1111）が格納され、「松田」という内容の文字列オブジェクトを指している。
- 2行目でnameを書き換えようとすると、文字列は不変オブジェクトであるため、「スーパー松田」という別のオブジェクトが生まれ、そのidentity値（例：2222）がnameに代入される。
- before_nameが指すオブジェクト（例：1111）の内容は、「松田」のまま変化しない。

> 不変オブジェクトは、開発者が防御的コピーをしなくても勝手に増殖してくれるから悪影響が起きないんだよ。

> なるほど。intやstrは気軽に関数に渡してもいいけど、タプル以外のコンテナは要注意なんですね。

不変オブジェクトは安全に使用できる

不変オブジェクトは、関数に引き渡しても、呼び出し先で書き換えられる心配がない。

これでやっと、関数に関する謎はすべて解けましたね！

そうだね、おめでとう。次の章では、関数を本格的に連携させて実用的なプログラムを開発するための方法を紹介するよ。

捨てられた不変オブジェクトの行方

　内容が書き換わったために捨てられた不変オブジェクトは、そのidentity値を格納した変数が存在しなくなるため、オブジェクトへアクセスできる一切の手段が失われます。その後、ガベージコレクションというしくみによって、使われなくなったオブジェクトが占有していたメモリ領域は自動的に解放され、オブジェクトも消滅します。

破壊的な関数

　受け取った引数の内容を内部で書き換えてしまう関数を破壊的な関数（メソッド）といいます。破壊的な関数に可変オブジェクトを渡すと、本章で紹介した副作用が生じます。ある関数が破壊的かそうでないかは、関数名だけではわからないケースが多いため、重要なプログラムで利用する場合はリファレンスなどで調べる必要があります。リファレンスが手に入らない場合は、念のため防御的コピーで対処します。

6.4 第6章のまとめ

オブジェクトの基本構造

- Pythonでは、整数や文字列などの値はすべてオブジェクトとして扱われる。
- オブジェクトは、データと、そのデータを処理するための関数を持っている。
- オブジェクトに属するデータを属性、関数をメソッドという。

クラスと型

- オブジェクトは基本的に、設計図であるクラスから生み出される。
- クラス名と同名の関数を用いると、オブジェクトを生み出せる。
- リテラルは、決められた表記によって特定のクラスからオブジェクトを生み出す指示である。
- オリジナルのクラスを定義して利用できる。

identityと参照

- すべてのオブジェクトは自動的に与えられる一意の数値（identity）を持つ。
- 変数は、オブジェクト自体ではなく、identityを内部に格納する。
- 関数の引数や戻り値にidentityが受け渡されると、変数の独立性が崩れる可能性がある。

オブジェクトの不変性

- int型、str型、tuple型などの不変オブジェクトの内容は決して変化しない。
- 不変オブジェクトの書き換えは、別のオブジェクトの生成として実現される。
- 不変オブジェクトを関数へ引き渡しても、変数の独立性は崩れない。

6.5 練習問題

練習6-1

次のコードに登場する変数a、b、cに格納されるオブジェクトについて、そのオブジェクトの型と、「可変」または「不変」オブジェクトのどちらであるかを答えてください。

```
01  a = 'Python'
02  b = [1, 3, 5]
03  class MyClass:
04      def hello(self):
05          print('Hello' + a)
06  c = MyClass()
07  c.hello()
```

練習6-2

次のコードを実行してキーボードから「ABC」と入力すると、画面に表示される内容を答えてください。

```
01  x = ['ABC']
02  y = [input()]
03  print(x[0] == y[0])
04  print(id(x[0]) == id(y[0]))
05  y = x
06  y[0] = 'XYZ'
07  print(x[0])
```

練習6-3

次のコードは意図したとおりに動作しません。表れる症状とその原因を説明し、どのように修正すればよいかを答えてください。なお、welcome関数の内容は変更できないものとします。

```
01  def welcome(u):
02      print(f'ようこそ{u["name"]}さん')
03      u['age'] = u['age'] + 1
04      print(f'あなたは来年{u["age"]}歳だから大吉です！')
05
06  username = input('名前を入力してください >>')
07  userage = int(input('年齢を入力してください >>'))
08  user = {'name': username, 'age': userage}
09  welcome(user)
10  print(f'{user["age"]}歳の{user["name"]}さん、またプレイしてくださいね')
```

不変オブジェクトの再利用

近年のPythonは、同じ内容の不変オブジェクトが生成される場面では、できるだけ同じオブジェクトの再利用を試みます。たとえば、`a = 3`に続いて`b = 1 + 2`という文を実行すると、bのために新たにint型オブジェクトを生成せずに、aが指しているオブジェクトをbも指すようになります。

このようなコンピュータのメモリ節約術で実害が出ないのも、「決して書き換えられず、万が一書き換えられそうになったら別の存在として増殖する」という不変オブジェクトの特性によるものです。

chapter 7
モジュール

Pythonで実用的なプログラムを作るには、
開発を手助けしてくれるさまざまな部品の
積極的な活用が欠かせません。
この章では、Pythonで利用できる部品の種類と
その使い方を紹介します。

contents

7.1　部品を使おう
7.2　組み込み関数
7.3　モジュールの利用
7.4　パッケージの利用
7.5　外部ライブラリの利用
7.6　第7章のまとめ
7.7　練習問題

7.1 部品を使おう

7.1.1 Pythonで使える部品たち

　一般的に、プログラミング言語には、開発を助けてくれるさまざまな部品が用意されています。私たちは、このような部品を積極的に用いて、開発効率を大きく引き上げることができます。

　自分で関数を作るのも部品化の1つだけど（p.189）、この章で紹介する部品は、関数が集まったさらに大きな部品ととらえればOKだよ。

　Pythonで利用できる部品は、その所属している場所によって、図7-1のように俯瞰できます。それぞれの特徴と基本的な使い方を順に紹介していきます。

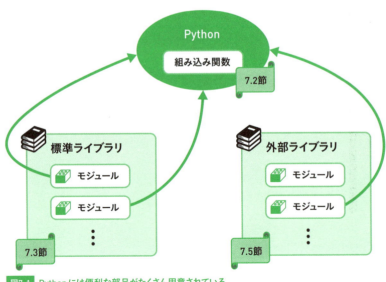

図7-1 Pythonには便利な部品がたくさん用意されている

7.2 組み込み関数

7.2.1 組み込み関数とは

> まずは組み込み関数からいくよ。今までにもよく使ってきた、おなじみの関数たちだね。

組み込み関数（built-in functions）とは、Python自体に組み込まれた、いつでも自由に呼び出せる関数のことです。print関数やinput関数など、どのようなプログラムを開発するにも必要となる基本的な機能が組み込み関数として提供されています（表7-1）。

表7-1　主な組み込み関数

分類	組み込み関数名	機能
入出力	print 関数	引数を標準出力[※]に出力する
	input 関数	標準入力[※]から1行読み込んだ結果を返す
データ型	type 関数	引数のデータ型を返す
	int 関数	引数を整数に変換した結果を返す
	float 関数	引数を小数に変換した結果を返す
	str 関数	引数を文字列に変換した結果を返す
コンテナ	list 関数	引数でリストを作成して返す
	dict 関数	引数でディクショナリを作成して返す
	tuple 関数	引数でタプルを作成して返す
	len 関数	引数の長さ（要素数）を返す
	sum 関数	引数の合計値を返す
	max 関数	引数の最大値を返す
	min 関数	引数の最小値を返す
計算	abs 関数	引数の絶対値を返す
	round 関数	引数を四捨五入した値を返す
ファイル	open 関数	引数で指定したファイルを開く

※ 通常、標準入力はキーボード、標準出力はディスプレイ（画面）を指す。

Pythonには、表7-1に記載したもの以外にも、70近くもの組み込み関数が用意されています。いくつかの関数はsukkiri.jp（p.5）で紹介しているほか、より詳細な情報は公式サイトを参照してください。

7.2.2 ファイル入出力

> それじゃあ、新しい組み込み関数を1つ使ってみようか。open関数を使ってファイルにデータを書き込もう。

　Pythonに限らず、プログラムからファイルの読み書きをするには、通常、次の手順で行います。

手順①　ファイルを開く
手順②　ファイルに書き込む、またはファイルから読み込む
手順③　ファイルを閉じる

> 僕たちがPCでファイルを使う手順とまったく同じですね。

　次のコード7-1は、入力された内容をファイルに書き込みます。1行の日記など、簡単なメモを記録しておくイメージのプログラムです。

コード7-1　1行日記を記録する

```
01  text = input('何を記録しますか？ >>')
02  file = open('diary.txt', 'a')
03  file.write(text + '\n')
04  file.close()
```

02　手順①　ファイルを開く（追記モード）
03　手順②　ファイルに書き込む
04　手順③　ファイルを閉じる

実行結果（1回目）

何を記録しますか？ >>1月15日は、朝香先輩ともつ鍋パーティー

実行結果（2回目）
何を記録しますか？ >>1月16日は、ひとり焼き鳥＆ボウリング

先輩、焼き鳥はともかく、ボウリングもひとりで行ったんですか…？

あら、社会人のたしなみよ。素数で点数を揃えていくの、楽しいんだから。

このプログラムを実行すると、同じフォルダにテキストファイル「diary.txt」が作成されます。ファイルを開くと、次のように書き込まれていることが確認できるでしょう。

diary.txtの内容

1月15日は、朝香先輩ともつ鍋パーティー　← 1回目の実行結果
1月16日は、ひとり焼き鳥＆ボウリング　← 2回目の実行結果

なお、dokopyにはファイルを扱う機能がないんだ。ファイルを読み書きする場合は注意してほしい。

　残念ながら、dokopyでは作成されたファイルを開けません。ファイルの内容を確認したい場合は、dokopy以外の環境（0.3.2項）で実行してください。また、開いたファイルが文字化けして読めない場合や、ファイルを開こうとするとエラーが出てしまう場合は、付録（A.2.3項）を参考に解決してみてください。
　それでは、コード7-1の内容を詳しく見ていきましょう。
　「手順①　ファイルを開く」では、組み込み関数であるopen関数を使用しています（2行目）。第1引数として開くファイルの名前、第2引数としてモードを指定します。
　モードは、開いたファイルの操作方法を指示する文字です。コード7-1の

ように「a」(追記モード)を指定すると、操作対象のファイルが存在しない場合には、ファイルを新しく作成して開き、ファイルの末尾にデータを書き込んでいきます。

このプログラムのポイントは変数fileに代入しているopen関数の戻り値だ。これは、第6章で紹介したオブジェクトだよ。

　open関数は、開いたファイルを表すファイルオブジェクトを戻り値として返します。ファイルオブジェクトは、開いたファイルに関するさまざまな属性や、操作を行うためのメソッドを持っています。

　「手順②　ファイルに書き込む」では、ファイルオブジェクトが持つwriteメソッドを使って、開いたファイルにデータを書き込んでいます (3行目)。入力された内容に改行を表すエスケープシーケンス (p.39) を付けているため、書き込むたびに改行されるというわけです。もし \n を付けないと、「1月15日は、朝香先輩ともつ鍋パーティー1月16日は、ひとり焼き鳥＆ボウリング」のように、改行されずにファイルに書き込まれます。

 ファイルを開く

　open(ファイル名, モード)

　※ ファイル名に開くファイルを指定する。
　※ モードにはファイルの操作を指定する。
　　 r：読み込み (指定したファイルが存在しない場合はエラー)
　　 w：書き込み (指定したファイルが存在しない場合は新規作成)
　　 a：追記 (指定したファイルが存在しない場合は新規作成)
　※ 戻り値としてファイルオブジェクトが返される。

 ファイルに書き込む

　ファイルオブジェクト.write(書き込む内容)

 ファイルを閉じる

　ファイルオブジェクト.close()

開いたファイルを閉じるには、ファイルオブジェクトのcloseメソッドを使用します。ファイルをプログラム内で閉じなかった場合はPythonが自動的に閉じますが、そのタイミングはPythonに任されており、また必ず閉じるという保証もありません。必要なファイル操作が終わったら、すぐに閉じる処理が行われるようにしたほうがよいでしょう。

そう言われても、うっかり閉じるのを忘れちゃいそうだな…。

そんな松田くんのために、いい方法があるよ。

　開いたファイルを確実に閉じたい場合は、with文を使いましょう。with文でファイルを開き、withブロック内で開いたファイルに関する操作を行います。そして、withブロックが終了すると、自動的にファイルを閉じてくれます（コード7-2）。

コード7-2　用が済んだらすぐに閉じる

```
01  text = input('今日は何をした？ >>')
02  with open('diary.txt', 'a') as file:
03      file.write(text + '\n')
```

02行目：ファイルオブジェクトを代入する変数／ファイルを開く処理

---

 with文

　　　with ファイルを開く処理 as 変数:
　　　　　ファイルを操作する処理

※ 開く処理で返されるファイルオブジェクトが変数に代入される。
※ withブロックの終了時にファイルを自動的に閉じる処理が行われる。
※ ファイル操作処理はブロックとして記述する。

おおっ。closeメソッドを書かなくても自動的にファイルを閉じてくれるんですね。これなら安心してファイルを使えそうです♪

chapter 7　モジュール　**267**

column 文字コード

「a」「あ」「日」などの文字は、そのままの形でコンピュータに保存されるわけではありません。たとえば、「あ」なら「1000001010100000」などと保存されます。このような1文字を表す0と1の並びを**文字コード**といい、それぞれの文字をどのような並びで表すかを決めたルールを**文字コード体系**（エンコード）といいます。複数の体系が存在しますが、どのルールを用いるかはOSやソフトウェアによって決められています。

Pythonは、原則として実行環境のOSと同じ文字コードを使用します。従って、Pythonプログラムで作成したファイルは、その環境では問題なく開いて内容を確認できます。しかし、Pythonがファイルに書き込んだ文字コードと、ファイルを表示するソフトウェアが使用する文字コードが一致しないと、文字化けが発生して内容を正しく表示できません。IDEによっては、使用する文字コードがあらかじめ決まっているため、Pythonがそれと異なる文字コードを用いる環境では、エラーが発生してファイルを開けません。その場合は、ファイルに書き込んだ文字コードと、ファイルを読み込むときに使う文字コードが一致しているかを確認してください。

なお、Pythonでは、書き込む文字コードを明示的に指定できます。

```python
# open関数で使用する文字コードを指定する（UTF-8の場合）
file = open('diary.txt', 'a', encoding='utf-8')
```

column ストリーム

プログラムは通常、キーボードや画面、ファイルなどとデータをやりとりして動作しますが、そのようなデータの流れを**ストリーム**（stream）といいます。大規模なシステムでは、さらにデータベースやネットワークといった外部資源ともストリームでつながることがあります。

ストリームは、不必要に開き続けると、ほかのプログラムやアプリケーションからその資源へアクセスできなくなる、メモリなどのリソースを使い果たしてシステムダウンするなどの問題が発生する可能性があります。「開いたら必ず閉じるべきもの」をプログラム内で扱う場合には、with文で確実に閉じましょう。

7.3 モジュールの利用

7.3.1 モジュールとは

　前節では、Pythonに最初から組み込まれている関数について紹介しました。これらの関数は、いつでもどこでも好きなときに呼び出せるのが特徴でした。このような関数以外にも、明示的に宣言すれば、Pythonやほかの開発者が用意してくれた変数や関数、クラスを自由に自分のプログラムに取り入れることができます。

> えっ、ほかの人が作ったプログラムを自分のプログラムに入れるんですか？

> そうだよ。すでに開発された安全で性能の高いプログラムを活用して、さらに便利で面白いプログラムを効率的に作っていこうじゃないか。

　モジュール（module）は、別のプログラムに取り込んで使うことを前提として、ある機能をひとまとめにした1つのファイルを指す言葉です。関連した機能ごとに、変数や関数などの細かな部品を集めた大きな部品ととらえればよいでしょう。

モジュールの役割

モジュールは、変数や関数（または、それらをまとめたクラス）を提供する。

大きなプロジェクトの場合、共通して使う機能をモジュールとして開発しておき、チームで共有して使うのが一般的だよ。

モジュールは、それを開発した人に応じて次の2種類のライブラリに属しています。

モジュールが属する2種類のライブラリ
- **標準ライブラリ**：Pythonが公式に用意したモジュールのまとまり
- **外部ライブラリ**：別の組織や個人が用意したモジュールのまとまり

ライブラリ（library）とは、上記にもあるように、複数のモジュールがまとまったものと考えるとよいでしょう。いわばライブラリは、さまざまな道具が詰まった便利な道具箱です。

ライブラリにはモジュールが入っていて、モジュールには変数や関数が入っているという構図なのね（図7-1、p.262）。

この節では、まずは標準ライブラリに属するモジュールの使い方について紹介していきます。

column 車輪の再発明

他人が用意したプログラムの利用に抵抗を覚える人もいるかもしれません。しかし、すでに存在しているプログラムを再びイチから作る行為を「車輪の再発明」といい、IT業界では避けるべきとされています。なぜなら、稼働実績のあるプログラムは改良を重ねているためバグが少なく、性能も確かなため、初心者が同レベルのものを業務目的で作成しようとすると時間とお金のムダになってしまうからです。ただし、技術習得などの学習目的のためにあえて再発明するのは、ムダではなく、むしろよい訓練となるでしょう。

7.3.2 標準ライブラリ

　Pythonが用意した標準ライブラリでは、主に表7-2のようなモジュールが提供されており、各モジュールには、特定の用途ごとに役立つ変数や関数、クラスが定義されています。たとえばmathモジュールの場合は数学計算に関する変数や関数、datetimeモジュールには日付と時間の処理に関するクラスが定義されています。

表7-2　標準ライブラリに含まれる主なモジュール

モジュール	用途
math モジュール	数学計算に関する処理
random モジュール	乱数に関する処理
datetime モジュール	日付と時間に関する処理
email モジュール	電子メールに関する処理
csv モジュール	CSV ファイルに関する処理
json モジュール	JSON ファイルに関する処理
os モジュール	OS 操作に関する処理

　目的に合ったモジュールを取り込んで、定義されている関数などを利用すれば、専門的な知識がなくても高度な処理を実現できます。たとえば、三角関数の計算をしたいなら、その計算処理をいちいちコーディングしなくても、mathモジュールを取り込んでsin関数やcos関数を呼び出すだけでよいのです。

7.3.3 モジュールの取り込み

あらっ、数学計算ができるモジュールもあるんですね！　早く使ってみましょうよ！

まあまあ、慌てない慌てない。モジュールを使うには手順が1つ必要なんだ。

　浅木さんの期待に応えて、mathモジュールを例に基本的な使い方を紹介

しましょう。モジュールを自分のプログラムに取り込むには、最初にそのモジュールを使うことを明示的に宣言する必要があります（コード7-3）。

コード7-3 mathモジュールを利用する

```
01  import math          ← mathモジュールの取り込みを宣言
02
03  print(f'円周率は{math.pi}です')
                                    ← mathモジュールの変数piを参照
04  print(f'小数点以下を切り捨てれば{math.floor(math.pi)}です')
05  print(f'小数点以下を切り上げれば{math.ceil(math.pi)}です')
```

mathモジュールのceil関数を呼び出す
mathモジュールのfloor関数を呼び出す

実行結果
円周率は3.141592653589793です
小数点以下を切り捨てれば3です
小数点以下を切り上げれば4です

　1行目に記述した **import文** でmathモジュールの取り込みを宣言しています。3行目ではモジュールが提供する変数piを参照しています。この変数にはその名のとおり、あらかじめ円周率が代入されています。4、5行目では、mathモジュールが提供する関数を呼び出しています。floor関数は引数を小数点以下で切り捨てた結果、ceil関数は小数点以下で切り上げた結果を返します。

　このように、モジュールに属する変数や関数は、その名前の前に **モジュール名.** を付けて参照したり呼び出したりします。

モジュールを取り込む

```
import モジュール名
```

モジュール内の変数を参照

モジュール名.変数名

 モジュール内の関数を呼び出す

モジュール名.関数名(引数, …)

> 組み込み関数と違って、モジュールを使うにはimport文が必要なんですね。

取り込んだモジュールに別の名前を付けることもできます。次のコード7-4では、取り込んだmathモジュールに「m」という別名を付けています。

コード7-4 mathモジュールに別名を付けて利用する

```
01  import math as m        ）mathモジュールをmとして取り込む
02
03  print(f'円周率は{m.pi}です')              m（mathモジュール）の変数piを参照
04  print(f'小数点以下を切り捨てれば{m.floor(m.pi)}です')
05  print(f'小数点以下を切り上げれば{m.ceil(m.pi)}です')
```

m（mathモジュール）の ceil関数を呼び出す
m（mathモジュール）の floor関数を呼び出す

 別名を付けたモジュールの利用

import モジュール名 as 別名

※ モジュール内の変数や関数は別名を付けて参照する。

> 覚えにくい名前や長い名前のモジュールでも、別名を付けておけばシンプルなコードで記述できますね。

7.3.4 特定の変数や関数だけを取り込む

モジュール全体ではなく、モジュールから特定の変数や関数だけを取り込むこともできます。コード7-5は、mathモジュールから変数piとfloor関数だけを取り込んでいます。

コード7-5 特定の変数や関数だけを利用する

```
01  from math import floor       ── mathモジュールからfloor関数を取り込む
02  from math import pi          ── mathモジュールから変数piを取り込む
03
04  print(f'円周率は{pi}')         ── 取り込んだ変数piを参照
05  print(f'小数点以下を切り捨てれば{floor(pi)}です')
                                  ── 取り込んだfloor関数を呼び出す
```

実行結果
円周率は3.141592653589793
小数点以下を切り捨てれば3です

4、5行目の記述のとおり、取り込んだ変数や関数はモジュール名を付けずに使用できます。また、取り込んでいない変数や関数は使用できないので、ceil関数を呼び出すことはできません。

 特定の変数や関数だけを取り込む

  `from モジュール名 import 変数名または関数名`
  ※ 取り込んだ変数や関数はその名前だけで参照できる。

 これは便利ですよ！ 名前だけで使えるなんて、自作の関数や組み込み関数を使うのと変わらないじゃないですか。

名前だけの記述で利用できるのはとても便利な反面、注意が必要なケースがあります。次のコード7-6を見てください。1行目でmathモジュールから対数を求めるlog関数を取り込んでいます。しかし、3〜4行目で同じ名前の関数を定義してしまっています。このように、名前が重複した場合には、後から実行した関数定義が優先されるため、mathモジュールのlog関数が呼び出せなくなってしまいます。

コード7-6　関数名が重複すると…

```
01  from math import log      ) mathモジュールからlog関数を取り込む
02
03  def log(msg):             ) ログ出力を行う自作のlog関数を定義
04      print(f'{msg}を記録します')
05  log(10)                   ) 対数を求めるつもりが、ログが出力される
```

実行結果
10を記録します

　このような事態を避けるには、取り込んだ変数や関数をきちんと把握しておく必要があります。

えっ、僕そんなの自信ありません。

そう言うと思ったよ。だからこんな工夫をするんだ。

　import文は、モジュール内の変数や関数を利用する前であればどこにでも書けます。しかし、一般的には、取り込んでいる変数や関数を把握しやすくするため、プログラムの先頭にまとめて記述することが推奨されています（次ページの図7-2）。

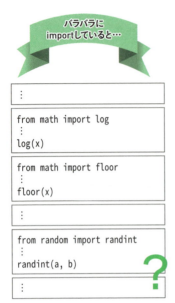

図7-2 import 文はプログラムの先頭に記述する

　また、モジュールと同様に、取り込んだ変数や関数に「as」で別名を付けることができます（コード7-7）。

コード7-7 特定の変数や関数だけを別名を付けて利用する

```
01  from math import pi as ensyuritsu
02  from math import floor as kirisute
03
04  print(f'円周率は{ensyuritsu}')
05  print(f'小数点以下を切り捨てれば{kirisute(ensyuritsu)}です')
```

　別名を使えば変数名や関数名の重複を避けられますが、別名があまりにも多すぎると、標準と異なる名前の変数や関数が増えてしまい、逆に混乱を招くので注意しましょう。

SNSで、ハンドルネームで呼び合っていて、本名がわからなくなっちゃう状態みたいなものかしら。

 特定の変数や関数だけを別名を付けて取り込む

from モジュール名 import 変数名または関数名 as 別名

※ 取り込んだ変数や関数は別名だけで参照できる。

7.3.5 ワイルドカードインポート

最後に、特殊な取り込みを紹介しておこう。ただし、あまりおすすめな方法じゃないから、参考程度に知っておくだけでいいよ。

次のコード7-8では、*記号を使ってモジュールの取り込みを宣言しています。このような取り込み方法を、**ワイルドカードインポート**と呼びます。

コード7-8 ワイルドカードインポートを使ってモジュールを利用する

```
01  from math import *        mathモジュールのすべての
                              変数と関数を取り込む
02
03  print(f'円周率は{pi}です')
04  print(f'小数点以下を切り捨てれば{floor(pi)}です')
05  print(f'小数点以下を切り上げれば{ceil(pi)}です')
```

よく見ると、特定の変数や関数だけを取り込む構文（7.3.4項）と同じですから、指定したモジュール内のすべての変数と関数をその名前だけで使用できるようになります。とても便利な機能ではありますが、取り込んだ変数や関数の把握が難しくなり、意図しない名前の衝突が起きやすくなります。そのため、ワイルドカードインポートの使用は推奨されていません。

chapter 7 モジュール 277

ワイルドカードインポート

```
from モジュール名 import *
```
※指定したモジュールのすべての変数と関数を取り込む。
※取り込んだ変数や関数はその名前だけで参照できる。

どんな機能があるかわからないのに全部取り込んじゃうなんて、ワイルドだろ〜。

…ちなみに、`*`記号のことをワイルドカードって呼ぶのよ。

7.3.6 モジュール取り込みのまとめ

うーん。いろんな取り込み方があって、だんだん混乱してきました…。

うん。ちょっと整理しておこうか。

　この節で紹介したモジュールの取り込み方は次の5つです。それぞれの方法によって、取り込まれる範囲や、取り込んだ変数や関数の参照方法が異なります（次ページの表7-3）。

方法①　モジュールを取り込む

```
import モジュール名
```

方法②　モジュールに別名を付けて取り込む

```
import モジュール名 as 別名
```

方法③ 特定の変数や関数だけを取り込む

```
from モジュール名 import 変数名または関数名
```

方法④ 特定の変数や関数だけを別名を付けて取り込む

```
from モジュール名 import 変数名または関数名 as 別名
```

方法⑤ ワイルドカードインポート（非推奨）

```
from モジュール名 import *
```

表7-3 モジュール取り込みのまとめ

	取り込む範囲	取り込んだ変数の参照	取り込んだ関数の呼び出し
方法①	モジュール全体	モジュール名.変数名	モジュール名.関数名()
方法②	モジュール全体	別名.変数名	別名.関数名()
方法③	特定の変数または関数	変数名	関数名()
方法④	特定の変数または関数	別名	別名()
方法⑤	モジュール全体	変数名	関数名()

よく使うのは方法①と方法③だよ。まずはこれを優先的に覚えよう。

7.4 パッケージの利用

7.4.1 パッケージとは

外部ライブラリを紹介する前に、モジュールについてもう1つだけ補足しておこう。

　前節で紹介したモジュールは、いくつかにまとめて**パッケージ**（package）を作ることができます。モジュールはある機能をひとまとめにした1つのファイルであり（7.3.1項）、その実体はPythonのプログラムファイルですが、パッケージの実体はフォルダです。

　本書ではパッケージの作成方法を取り扱いませんが、業務システムの開発などで大量のモジュールを作成するような場合、関連するモジュールをパッケージにまとめると、モジュールを管理しやすくなります。

　また、標準ライブラリの中には、パッケージにまとめられているモジュールもあります。たとえば、httpパッケージには、Web通信に関するモジュールがまとめられています（図7-3）。

図7-3 httpパッケージ（標準ライブラリ）

7.4.2 パッケージ内のモジュールを取り込む

次のコード7-9と7-10は、httpパッケージ内のclientモジュールが提供するHTTPConnection関数を呼び出しています。この関数は、引数で渡されたURLのWebページにアクセスします。それぞれのimport文の違いで関数の呼び出し方が変わる点に着目してください。

コード7-9 httpパッケージのclientモジュールを取り込む

```
01  import http.client
02
03  conn = http.client.HTTPConnection('www.python.org')
04        パッケージ名とモジュール名を指定
```

コード7-10 httpパッケージのclientモジュールを取り込む（from利用）

```
01  from http import client
02
03  conn = client.HTTPConnection('www.python.org')
04        モジュール名のみを指定
```

これらは、clientモジュール全体を取り込んでいるのが共通点です。しかし、コード7-9での関数の呼び出しには、パッケージ名とモジュール名の両方の指定が必要なのに対し、コード7-10ではパッケージ名は不要となり、モジュール名を付けるだけで呼び出せています。

関数だけの取り込みももちろん可能だ。次ページのコード7-11を見てほしい。

コード7-11 httpパッケージのclientモジュールから関数だけを取り込む

```
01  from http.client import HTTPConnection
02
03  conn = HTTPConnection('www.python.org')
04  :
```

　特定の関数だけを取り込んだ場合には、前節で紹介した方法③（7.3.6項）と同様に、関数名だけで呼び出せます。

 パッケージ内のモジュールの取り込み／変数参照／関数呼び出し

　import パッケージ名.モジュール名

　パッケージ名.モジュール名.変数名
　パッケージ名.モジュール名.関数名(引数, …)

　※ asによる別名も可能。

 パッケージ内のモジュールの取り込み／変数参照／関数呼び出し（from利用）

　from パッケージ名 import モジュール名

　モジュール名.変数名
　モジュール名.関数名(引数, …)

　※ asによる別名も可能。

 パッケージ内のモジュールから特定の変数や関数だけを取り込む

　from パッケージ名.モジュール名 import 変数名または関数名

　※ 取り込んだ変数や関数はその名前だけで参照できる。
　※ asによる別名も可能。

import文の書き方によって関数の呼び出し方が変わるのが面倒ですね。裏ワザみたいな覚え方があればいいのに。

いい方法を紹介しよう。importの右に注目するんだ。

実は、関数を呼び出すときに記述する内容は、import文の右に書かれた内容と一致します（図7-4）。コード7-9〜コード7-11を見比べてみてください。

コード7-9

コード7-10

コード7-11

このルールはパッケージを利用しない場合でも当てはまるんだ（表7-3参照）。ただし、asを用いたときは例外だよ

図7-4 import文と関数呼び出しの関係

なるほど！　これならモジュールの関数呼び出しもはかどりそうです！

よかった。ぜひリファレンスで調べて、興味のあるモジュールをどんどん使ってみよう。

chapter 7 モジュール　　283

標準ライブラリには、非常にたくさんのモジュールが用意されています。いくつかのモジュールについてはsukkiri.jpでも紹介しています。標準ライブラリ一覧や、各モジュールの詳細について知りたい場合は、Pythonの公式サイトを参照してください。

> **column**
>
> ## 組み込み関数の正体
>
> 　組み込み関数は、「__builtin__」という名前のモジュールに定義された関数です。このモジュールは、プログラムを実行した際に自動的に取り込まれるため、モジュール名を指定しなくても呼び出せます。このことから、実は組み込み関数は標準ライブラリの一部ととらえることができます。

7.5 外部ライブラリの利用

7.5.1 外部ライブラリとは

外部ライブラリって、標準ライブラリと何が違うんですか？作った人が違うというのは以前教えてもらいましたけど。

誤解を恐れずに言うと、外部モジュールを使えるようになれば、何だって作れるようになる。可能性が無限大に広がるんだ。

　Pythonの世界では、個人や組織が作成したモジュールが公開されており、それらを取り込んで利用できます。これらのモジュールは外部ライブラリに属しています（7.3.1項）。

標準ライブラリが純正パーツなら、外部ライブラリはサードパーティーが作った追加パーツって感じですね。

うん、うまい例えだね。それこそ、数え切れないほど存在するよ。

　外部ライブラリは膨大な数が存在しますが、その多くは標準ライブラリよりもさらに用途を絞り込んだものとなっています。いわば、その道に熟練した職人のための道具ともいえるでしょう。そのため、利用する場面は限定的ですが、標準ライブラリに用意されたモジュールよりも高度な処理を手軽に実現できる特徴を持っています（次ページの表7-4）。

表7-4 代表的な外部ライブラリ

モジュール名（パッケージ名）	主な用途
matplotlib	データの可視化
Pandas	データ解析
NumPy	ベクトル・行列計算
SciPy	科学技術計算
SymPy	代数計算
scikit-learn	機械学習
TensorFlow	深層学習
Pygame	グラフィックス、音声
dateutil	日付・時間
simplejson	JSONファイル
pyYAML	YAMLファイル
requests	Webアクセス

　外部ライブラリは提供している機能も盛りだくさんです。1つのライブラリだけを詳細に取り扱った専門書がある外部ライブラリも珍しくありません。したがって、外部ライブラリは標準ライブラリに比べて、学習コストが高い傾向にあります。専門的に特化した職人の道具を自由自在に使えるようになるためには、それなりに訓練の時間が必要なのです。

　また、どの外部ライブラリを用いるかは、プログラムの目的に大きく左右されます。たとえば、機械学習をしないのであればscikit-learnの使い方を学習しても意味がありません。高い学習コストをムダにしないためにも、やみくもに手を出すのではなく、実現したいプログラムが明確になってから、目的の外部ライブラリを学んでも遅くはありません。

　本節では、有名な2つの外部ライブラリの体験を通して、外部ライブラリの特徴と使い方のコツを紹介します。

7.5.2 外部ライブラリの準備

　外部ライブラリを使うには、開発環境に事前にインストールしておく必要があります。インストールする方法はいくつかありますが、環境に沿った方法で行いましょう。もし環境に合っていない方法でインストールを行うと、開発環境が壊れてしまう可能性もあるので注意してください。

　なお、dokopyでは外部ライブラリを利用できません。以降に紹介するコー

ドを実際に試すには、別の環境（0.3.2項）で実行してください。また、主な開発環境で外部ライブラリを準備する方法をsukkiri.jpでも紹介しているので、必要に応じて利用してみてください。

7.5.3 matplotlib

1つ目に紹介する外部ライブラリはmatplotlibです（https://matplotlib.org/）。matplotlibは、データの可視化に関する関数を提供しています。

次のコード7-12は、リストに格納された松田くんの1年間の体重データを折れ線グラフで表します。

コード7-12 matplotlibでリストのデータを可視化する

```
01  %matplotlib inline
02  import matplotlib.pyplot as plt      ）matplotlibパッケージ内のpyplot
03                                          モジュールを別名pltとして取り
                                            込む
04  weight = [68.4, 68.0, 69.5, 68.4, 68.6, 70.2, 71.4, 70.8,
            68.5, 68.6, 68.3, 68.4]
05  plt.plot(weight)   ）取り込んだpltのplot関数を呼び出す
```

1行目は、作成したグラフを表示するのに必要な記述です。matplotlibを使用するときの「お約束」だと割り切ってしまったほうがいいでしょう。

2行目のimport文で、標準ライブラリと同様にmatplotlibを取り込んでいます。matplotlibは複数のモジュールをまとめたパッケージです。matplotlibに限らず、多くの外部ライブラリはパッケージで提供されています。

外部ライブラリはパッケージで提供される

著名な外部ライブラリの多くはパッケージとして提供されているため、パッケージ名とモジュール名を指定して取り込む必要がある。

なお、matplotlibを利用する場合、pyplotモジュールには「plt」という別名を付けて取り込む慣習があります。

慣習なんて、何だか古くさくていやだな。僕は、元の名前のままでいきます。その場合は、`pyplot.plot()` でいいんだな。

私はもっと短く「p」にしよう。となると、`p.plot()` ね。

もちろんそれでも動作するが、慣習には従っておくといいこともあるんだ。

もし、matplotlibを本格的に学ぶとしたら、公式サイトだけでは理解が難しいため、解説サイトや専門書も調べるでしょう。これらのサイトや書籍のほとんどは、慣習に合わせたimport文を記述しています。もし、自分だけは慣習と異なるimport文を記述していると、サイトや書籍に掲載されたコードをそのまま使えず、いちいち修正しなければなりません。

前述したように、外部ライブラリは学習コストが高いので（7.5.1項）、少しでも効率的に学べるように、慣習にならったimport文の記述をおすすめします。原則として、外部ライブラリの制作者の記法が慣習となっているケースが多いので、公式サイトのマニュアルやサンプルコードを確認するとよいでしょう。

外部ライブラリの取り込み方

外部ライブラリを取り込むimport文の記法は、慣習（制作者の記法）に従っておくと、より効率的な開発や学習に結び付く。

「郷に入っては郷に従え」ですね。それで損するわけでもないし、ここは従っておきますか。

pyplotモジュールのplot関数を使用すると、折れ線グラフを作成できます（コード7-12の5行目）。このコードを実行すると、図7-5のようなグラフが表示されます。なお、グラフの横軸は月を示し、起点の0は1月を表しています。

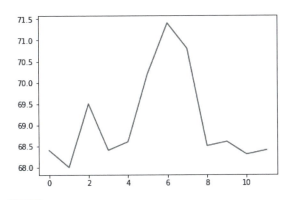

図7-5 コード7-12の実行結果

何これ!?　6〜8月の間だけ、体重が急増してるじゃない！

いやー、夏はカレーがおいしすぎて、ついつい食べすぎちゃうんですよね。

　このように、データを可視化すると、データの大きさや変化の傾向を直感的にとらえられるようになります。matplotlibでは、折れ線グラフのほかにも、棒グラフ、円グラフ、ヒストグラム、散布図など、さまざまな可視化の方法を提供しています。Pythonを使ってデータ分析を行う場合、matplotlibはとても役に立つでしょう。

標準ライブラリには、こんなグラフを作成するモジュールはないからね。外部ライブラリの便利さが際立つ例と言えるだろう。

chapter 7　モジュール　**289**

7.5.4 requests

2つ目に紹介する外部ライブラリはrequestsです（https://requests.readthedocs.io/）。requestsは、Webページへのアクセスにかかわる関数を提供しています。

次のコード7-13は、Pythonの公式サイト（https://www.python.org/）から、ダウンロードのページの内容を取得します。

コード7-13 requestsでPythonの公式サイトを取得する

```
01  import requests        ) requestsパッケージを取り込む
02
03  response = requests.get('https://www.python.org/downloads/')
04  text = response.text
05  print(text)
```

実行結果
```
<!doctype html>
 （省略）
<head>
    <meta charset="utf-8">
    <meta http-equiv="X-UA-Compatible" content="IE=edge">
 :
```

コード7-13の1行目でrequestsを取り込んでいますが、requestsも正確にはパッケージです。

それなら、`import requests.モジュール名` にしないといけないんじゃないんですか？

> 実は、パッケージの作り方によっては、モジュール名を付けなくてもいい場合があるんだ。

　パッケージの作り方によっては、import文にパッケージ名だけを指定すれば、必要なモジュールを取り込むことができます。モジュール名の省略が可能かどうかは、パッケージの公式サイトや解説書などで確認する必要があります。
　3行目では、requestsが提供するget関数を呼び出して、引数で指定したURLのWebページにアクセスしています。この関数は、アクセスしたWebページに関するデータを格納したResponseオブジェクトを返します。

> オブジェクト…ってことは、アクセスしたWebページを表す属性やメソッドを持っているんですね。

　4行目で、Responseオブジェクトの属性であるtextを参照しています。この属性は、アクセスしたWebページの内容（HTMLで書かれたテキスト）を持っており、5行目でその内容を画面に表示しています。
　requestsを活用すれば、Webページを巡回して情報を収集する「Webスクレイピング」と呼ばれるプログラムを作ったり、インターネット上で公開されている「WebAPI」を利用したりできます。

> WebAPIを使うと、さまざまなWebサービスと自分のプログラムを連携できる。WebAPIはインターネット上のあらゆる分野で提供されているよ。

　同様のことは、標準ライブラリのhttp.clientモジュールや、urllib.requestモジュールでも実現できます。次ページのコード7-14は、http.clientモジュールを使ってコード7-13とまったく同じことを行っています。

chapter 7 モジュール　**291**

コード7-14 標準ライブラリを利用したWebページの取得

```
01  import http.client
02
03  conn = http.client.HTTPSConnection('www.python.org')
04  conn.request('GET', '/downloads/')
05  response = conn.getresponse()
06  text = response.read().decode('UTF-8')
07  print(text)
08  conn.close()
```

うーん、何だかrequestsを使ったコードのほうがシンプルでわかりやすい気がします。

そうよね。もしもっと複雑なWebアクセスの処理を作るとしたら、差は歴然たるものでしょうね。

このように、外部ライブラリの中には標準ライブラリと同じことをより簡単に実現できるようにしたものもあるんだよ。

7.6 第7章のまとめ

組み込み関数

- 組み込み関数は、Python自体に組み込まれており、特別な手続きをせずに呼び出せる。
- print関数やinput関数など、主にプログラムの基本的な機能が提供されている。

標準ライブラリ

- Pythonが用意したモジュールのまとまりを標準ライブラリという。
- 標準ライブラリに含まれるモジュールを取り込むには、import文を記述する。

外部ライブラリ

- 第三者が用意したモジュールのまとまりを外部ライブラリという。
- 外部ライブラリは専門分野に特化した機能を提供しており、使いこなすには相当量の学習が必要である。
- 外部ライブラリを使うには、事前にインストールが必要である。
- 外部ライブラリに含まれるモジュールを取り込むには、import文を記述する。

パッケージ

- パッケージは複数のモジュールのまとまりであり、その実体はフォルダである。
- ライブラリの中には、パッケージとして提供されているものがある。

7.7 練習問題

練習7-1

次の各文を読んで、正しいものは○、間違っているものは×を答えてください。また、×としたものについては、その理由を説明してください。

(1) 組み込み関数を利用するには、import文を記述しなければならない。
(2) モジュールとは、変数や関数、クラスをまとめたファイルである。
(3) 標準ライブラリのモジュールから特定の関数だけを取り込むことはできない。
(4) 外部ライブラリを利用するには、必ず事前にインストールが必要である。
(5) 外部ライブラリは高度な機能を提供しているが、誰でも手軽に扱える。

練習7-2

あるモジュールAにfunc関数が定義されています。Aを次のようにimportしたとき、func関数を呼び出すにはそれぞれどのような記述をしたらよいか答えてください。なお、func関数は引数を受け取らないものとします。

(1) `import A`
(2) `import A as B`

練習7-3

練習7-2のfunc関数を呼び出す際、モジュール名を付けずに関数名単体で呼び出すには、モジュールAをどのようにimportすればよいか答えてください。

練習7-4

次の機能を持つプログラムを、組み込み関数を使ってそれぞれ作成してください。ただし、いずれも必ず指定の数値が入力されることを前提とします。

(1) 入力された3つの整数のうち、大きい値を表示する。
(2) 円周率3.141592について、小数点以下第1位から第5位を四捨五入した値をそれぞれ表示する。

練習7-5

open関数を使ってファイルを読み込むには、次のように記述します。

```
01  file = open('sample.txt', 'r')
02  for line in file:
03      print(line)
04  file.close()
```

02〜03: 読み込んだファイルを1行ずつ表示する

これを参考にして、ファイルをコピーするプログラムを作成してください。

練習7-6

標準ライブラリに含まれるrandomモジュールのrandint関数は、第1引数と第2引数に渡した整数の範囲内でランダムな整数を返します。この関数を使って、(1)〜(7)のように動作する数当てゲームのプログラムを作成してください。

(1) 画面に「数当てゲームを始めます。3桁の数を当ててください！」と表示する。
(2) リストanswerを準備して、0〜9のランダムな整数を3つ格納する。
(3) 画面に「○桁目の予想を入力（0〜9）>>」と3回表示し、それぞれ入力された数をリストpredictionに格納する。
(4) リストanswerとpredictionを比較し、位置と数値が一致する要素と、位置は異なるが数値が一致する要素を数え、それぞれの結果を「○ヒット！○ボール！」と画面に表示する。
(5) 3ヒットなら続けて画面に「正解です！」と表示してゲームを終了する。
(6) それ以外の場合は、「続けますか？1：続ける 2：終了 >>」を表示する。
(7) 1を入力されたら（3）に戻る。2が入力されたら正解を表示してゲームを終了する。

chapter 8
まだまだ広がる Pythonの世界

第II部で学んできたモジュールやライブラリは、Pythonという世界の広さを感じさせるものでした。初学者にとっても広く感じられるPython活用の場は、今、さまざまな分野へと急速に広がっています。みなさんが本書を通して切り拓いた道のさらに先へと広がる世界を眺め、最終章を締めくくりましょう。

contents

8.1　Pythonの可能性
8.2　Pythonの基礎を学び終えて

8.1 Pythonの可能性

8.1.1 まだまだ広がるPythonの世界

2人ともお疲れさま。Python入門の旅はどうだったかな？

Pythonならいろいろなことができそうで、ワクワクしています。早く続きを勉強したいです！

僕はまだ、コレっていうものは見つかってないけど、チャットボットっぽいものが作れて楽しかったです。

　Python入門の旅もいよいよ終わりに近づいてきました。画面に「Hello, World」と表示したあの頃がずいぶんと昔のように感じられたとしたら、それはみなさん自身が大いに成長したからにほかなりません。

　本書の最終章となるこの章では、まだやりたいことが決まっていない松田くんのためにも、まだまだ広がるPythonの世界を少しずつ巡って、入門の旅を終えることにしましょう。

よーし、興味を持てそうなものがあるか、ヒントを探してみます！

　なお、本章で紹介するコードでも外部ライブラリを利用するため、dokopyでは実行できません。実際に動作を確認するには、sukkiri.jpなどを参照して別の環境を準備してください。

8.1.2 ルーチンワークの自動化

　私たちの日々の行動には、いわゆるルーチンワークと呼ばれる決まり切った作業が少なくありません。たとえば、「毎月1日に、月次売上集計表を上司にメールする」「毎朝、自社に関わる重要なセキュリティのニュースがないかをネットで検索して調べる」などのように、難しくはないけれど少し手間のかかる作業です。

　Pythonをうまく利用すると、そのような作業を自動化できます。次のコード8-1は、Python公式ブログのトップページを閲覧し、脆弱性やセキュリティに関する記述がないかを調べる作業をコマンド1つで実現するプログラムです。

コード8-1 Python公式ブログの記事を調べる

```
01  import urllib.request
02
03  url = 'https://blog.python.org/'
04  req = urllib.request.Request(url)
05  with urllib.request.urlopen(req) as res:
06      body = str(res.read())
07
08  if 'security' in body or 'vulnerability' in body:
09      print('セキュリティに関する記述があります')
10      print('https://blog.python.org/を確認してください')
11  else:
12      print('調査対象のセキュリティ用語はありませんでした')
```

こういった自動化プログラムは、Python以外の言語でももちろん作れるけど、Pythonは文法が簡単で手軽だし、多くのOSで同じように動くから便利なんだよ。

このような自動化は、クラウド環境でシステムを運用する場面でも近年広く活用されています。たとえば、ショッピングサイトのシステムでは、アクセスが増え始める20時頃に「サーバ台数を数倍に増やす」プログラムを、翌2時頃に「サーバ台数を元に戻す」プログラムを自動的に実行して、ピークに応じたサーバ運用を実現しています。

日々の仕事も人手をかけることなくラクにできるのね。IT業界に関わるなら勉強しておいて損はないですね。

よーし、さっそく自動化できるルーチンワークがないか、探してみよう。そうすれば、僕のボーナス査定はきっと…。むふっ、むふふ。

8.1.3　データベースの操作

　データベースとは、データを整理して格納したり、効率的に取り出したりするためのソフトウェアとデータの集合体をいいます。多数のユーザーが同時にアクセスしても、データの整合性を保ちつつ高速に処理できるのが大きな特長です。

　一般的なデータベースは複数の表の形式でデータを保存し、その値を取得したり、書き換えたりして利用します。データを読み書きするには、`SQL`と呼ばれるデータベースを操作するための専用の言語でデータベースに指示を出します。

データベースならいずみ先輩に少し聞いたことがあります。Pythonでもデータベースを操作できるんですね。

データベースはマーケティング部としても外せない分野です。早く大量のデータを使って分析してみたいな！

図8-1 データベースはSQLで操作する

「SELECT〜」と「INSERT〜」というのがSQL文だよ。詳しくは『スッキリわかるSQL入門』などを参考にしてほしい。

　ここでは、Pythonの標準モジュールsqlite3に含まれているSQLiteというデータベースを使った例を紹介します。次のコード8-2は、従業員のIDと名前が登録されたEMPLOYEES表から、データを取り出して表示します。

コード8-2　SQLiteを使ったデータベース検索

```
01  import sqlite3
02
03  with sqlite3.connect('sample.db') as conn:
04      cursor = conn.cursor()
05      cursor.execute('SELECT ID, NAME FROM EMPLOYEES')
06      for row in cursor.fetchall():
07          print(row[0]); print(row[1])
```

たったこれだけのコードでデータベースを操作できるなんて意外だなあ。

データベースは本格的なアプリケーションを作るには欠かせないから、興味を持ったら調べてみるといいよ。

8.1.4 ウィンドウアプリケーションの作成

　物理的に最も人間に近く、人間とコンピュータの接点となる部分を**ユーザーインタフェース**（UI：User Interface）といい、主にコンピュータの操作性や情報の表示方法を指します。

　本書でこれまで行ってきたキーボードによる入力のみでコンピュータを操作する方法を **CUI**（Character User Interface）といいます。一方、macOSやWindowsなどのグラフィカルなウィンドウ表示と、マウスやタッチパッドなどによってコンピュータを操作する方法を **GUI**（Graphical User Interface）と呼びます。GUIを備えたプログラムをウィンドウアプリケーションとも呼びます。

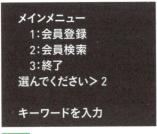

図8-2　CUIとGUI

へぇー、Pythonでもウィンドウが表示できるんですか。今までの実行結果は文字ばかりだったから、何だか意外だな。

　Pythonには、手軽にGUIを作成できるライブラリが充実しています。ここでは、標準ライブラリのtkinterを使って、表面に「Hello, World」と書かれたボタンを配置したウィンドウを表示してみます（コード8-3）。

コード8-3 tkinterを使ってボタンのあるウィンドウを作成する

```
01  import tkinter as tk
02
03  root = tk.Tk()
04  root.geometry('240x240')
05  root.title('GUI Sample')
06  button = tk.Button(root, text='Hello, World')
07  button.pack()
08  root.mainloop()
```

実行結果

　ウィンドウアプリケーションの分野ではPythonは主流とはいえませんが、tkinterだけでなく、KivyやPyQt、wxPythonといった外部ライブラリも有名です。これらのライブラリを上手に利用すれば、手軽にグラフィカルなアプリケーションを作成でき、自分でゲームを作ることもできます。見た目にも楽しいので、勉強の題材にはおすすめです。

 自分が作ったプログラムでほかの人に遊んでもらうのも楽しそうですね！

8.1.5 Webアプリケーションの作成

インターネット上のショッピングサイトでは、商品カテゴリーや検索ワードを指定して検索すると、店のデータベースからさまざまな商品の情報や在庫情報を取得して閲覧できます。さらに、商品を選択して必要な情報を入力し、購入ボタンをクリックすれば、購入記録がデータベースに登録され、実際に商品を購入できます（図8-3）。

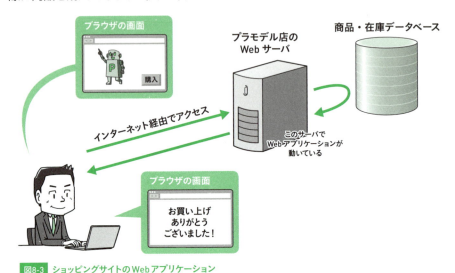

図8-3　ショッピングサイトのWebアプリケーション

このような、利用者がブラウザから入力した情報をサーバ側のプログラムで処理するしくみを備えたWebサイトを**Webアプリケーション**といいます。ショッピングサイトだけでなく、検索サイトや、旅行や映画などの予約サイト、あるいはSNSサイトなど、みなさんも数多くのWebアプリケーションを日々利用していることでしょう。

Webアプリケーションにはさまざまな機能が必要となるため、一般的にはゼロから開発するのではなく、**Webフレームワーク**と呼ばれるライブラリを使用します。Webフレームワークには、効率的な開発を実現する専用の関数や、Webアプリケーションの骨組みまで用意されているため、開発に必要なコーディングの分量を減らしてくれるメリットもあります。Pythonでは、外部ライブラリのDjangoやFlaskといったWebフレームワークが有名です。

次のコード8-4は、アクセスされたら現在時刻を表示し、時報のように動作するWebアプリケーションを、Flaskを使用して作成した例です。

コード8-4　Flaskを使って現在時刻を表示する

```
01  import datetime
02
03  from flask import Flask
04
05  app = Flask(__name__)
06  @app.route('/')
07  def hello():
08      dt = datetime.datetime.now()
09      html = '<!DOCTYPE html>'
10      html += '<html>'
11      html += '<head><title>Flask Sapmle</title></head>'
12      html += '<body>'
13      html += f'{dt.year}年{dt.month}月{dt.day}日 {dt.hour}時
            {dt.minute}分{dt.second}秒です'
14      html += '</body></html>'
15      return html
16  if __name__ == '__main__':
17      app.run()
```

　本来、Webアプリケーションを動作させるには、Webサーバを準備して、プログラムをサーバ上の適切な場所に配置する作業が必要です。しかし、Flaskには標準で簡易的なWebサーバが付属しているので、別途Webサーバを準備しなくても動作確認は可能です。

　コード8-4を実行すると、自分のコンピュータがWebサーバとして動作するので、ブラウザで「http://127.0.0.1:5000」というURLパターンにアクセスすれば動作を確認できます（次ページの図8-4）。

chapter 8　まだまだ広がるPythonの世界　　305

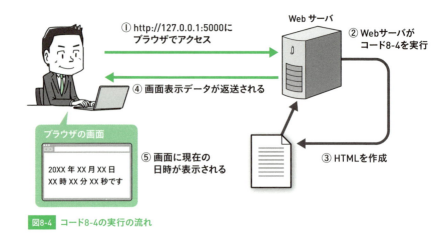

図8-4 コード8-4の実行の流れ

8.1.6 IoTアプリケーションの作成

　従来、インターネットに接続してデータをやりとりしていたのは、主にPCやサーバなどのコンピュータでした。しかし近年では、あらゆる「モノ」がインターネットを通じてつながり、互いの情報や機能を利用し合っています。このようなしくみをIoT（Internet of Things）といいます。テレビ、家電、車、衣服、ドア、鍵、マンホール、犬…。あらゆるモノがIoTで連携可能です。

い、犬!?　犬もネットにつながるんですか!?

正確には、犬につけた首輪だね。

　これらのモノには、**マイコン**（マイクロコンピュータ、micro computer）という小型のコンピュータが組み込まれています。これまでマイコンを制御するには、アセンブラやC言語といった専門的なプログラミング言語で書かれた難解なプログラムが必要でした。

　しかし近年、Pythonなどの一般的な言語から手軽にマイコンを制御できるキットが販売され、人気を博しています。特に有名なのがRaspberry Pi（ラズベリーパイ）ですが、Arduino（アルデュイーノ）、SDカードサイズのEdison（エジソン）などもあります（図8-5）。

図8-5 温湿度センサー（DHT11）を接続した Raspberry Pi

ちなみに Raspberry Pi の Pi は、Python に由来しているんだ。

この技術を学べば、僕が作ったプログラムで、家電とか鍵とかいろんな装置を制御できちゃうんですね！

何だか危険な思想のような気がするのは私だけかしら…？

　次ページのコード8-5は、Raspberry Pi に接続された温湿度センサーから、温度と湿度を1秒おきに取得して表示します。このコードを動かすには、外部ライブラリ RPi.GPIO と DHT11クラスが必要です。詳細は、専門書を参照してください。

コード8-5　Raspberry Piから温湿度を取得して表示する

```
01  import time
02
03  import dht11
04  import RPi.GPIO as GPIO
05
06  GPIO.setwarnings(False)
07  GPIO.setmode(GPIO.BCM)
08  GPIO.cleanup()
09  instance = dht11.DHT11(pin=14)
10  while True:
11      result = instance.read()
12      if result.is_valid():
13          temperature = result.temperature
14          humidity = result.humidity
15          print(f'温度:{temperature}')
16          print(f'湿度:{humidity}')
17      time.sleep(1)
```

---

column

 MicroPython

　マイコンの中には、その小ささからメモリ空間が厳しく制限されているものも存在します。そのような環境でも動作するPythonプログラムの開発を目的とした、MicroPythonという種類のPythonもあります。

8.1.7 APIによるチャットボットの利用

第3章の最後で、簡単なチャットボットを作ったのを覚えているかな（コード3-10、p.147）。近年話題の対話型チャットボットも、Pythonから呼び出して利用できるよ。

　ここでは、Open AI社が提供するChatGPTのAPIをPythonプログラムから利用するコードを紹介します。APIとは、外部のサービスが提供する機能を自分のプログラムから呼び出して、さまざまなサービスとの連携を実現するしくみです。
　次のコード8-6を実際に動かすには、Open AI社のアカウントを作成してAPIキーの取得が必要です。

コード8-6 チャットボット（ChatGPT）を利用する

```
00  import openai
01
02  # APIキーの設定
03  openai.api_key = "xxxxxxxxxx"    ← 取得したAPIキーを指定
04
05  response = openai.ChatCompletion.create(
06      model="gpt-3.5-turbo",       ← 利用するChatGPTのモデルを指定
07      messages=[
08          {"role": "user",
09           "content":
10           "インプレスのスッキリわかる入門シリーズって、どんな本？"}],
11  )                                ← ChatGPTへの質問
12  print(response.choices[0]["message"]["content"].strip())
```

> **実行結果**
> インプレスの「スッキリわかる入門シリーズ」とは、さまざまな分野の基礎知識や入門的な内容を解説する書籍シリーズです。このシリーズは、初心者や入門者向けに、わかりやすく丁寧な解説を提供することを目的としています。
> （以下略）

えっ、たったこれだけでもう話題のChatGPTを使ったんですか？

　コード8-6は、1つの質問に対するチャットボットの回答を表示するだけのものですが、APIを利用して自分のプログラムに高度な機能を提供してくれるサービスを組み込めば、工夫次第で多様な処理を実現できます。

8.1.8　データ分析・機械学習

最後に、最もPythonらしい分野を紹介して締めくくりとしよう。

　近年、**データサイエンス**という言葉が存在感を増しています。データサイエンスとは、データを分析して、新たな価値を創出する活動のことです。従来は単に統計などを行うデータ分析が一般的でしたが、ここ数年、膨大なデータをコンピュータに与え、ルールや規則性を探して人間さながらの予測や分類をさせる**機械学習**（machine learning）の実用化が急速に進んでいます。
　たとえばコンビニエンスストアでは、買った商品だけでなく、客の性別や年代などの情報も会計時に入力されています。全国から集まるそれらの購買情報を集めて人が分析したり、コンピュータが規則性を探したりして、消費者の動向や傾向を見つけ、需要の予測や新商品の開発などに役立てています。

これらの技術は、人工知能（AI）を支える重要な技術なんだ。

　Pythonは、このようなデータ分析や機械学習に関するライブラリが特に充実しています。第7章で紹介したmatplotlibやPandas、NumPy、scikit-learn、Tensorflowといったライブラリを組み合わせれば、多種多様なデータ分析や機械学習を短期間で実現できます。そのため、Pythonはデータサイエンスの分野においてデファクトスタンダードといえるほど、世界中のデータサイエンティストに使用されています。

確かにPythonと言えばデータ分析ですが、僕には難しそうで手を出しづらいな…。

そんなに構える必要はないよ。それじゃ松田くんに身近なデータを使って分析してみよう。

　次のコード8-7は、日本全国の家庭におけるカレールウに対する支出額の平均を、月別に統計してグラフ化するサンプルです。このプログラムが読み込むデータファイル（curry.csv）には、総務省統計局が公開している「家計調査 家計収支編（二人以上の世帯）」から抽出した、カレールウに対する10年分のデータがカンマ区切りで入っています。

コード8-7　カレールウの月別の支出額をグラフ化する

```
01  import pandas as pd
02  df = pd.read_csv('curry.csv', encoding='Shift_JIS')
03  df['month'] = pd.to_datetime(df['時間軸（月次）'],
                    format='%Y年%m月').dt.month
04  df = df.groupby('month').mean()
05  df.mean(axis=1)
06  %matplotlib inline
07  df.mean(axis=1).plot()    # Pandasがmatplotlibを使って可視化する
```

実行結果

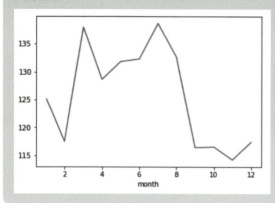

やっぱり夏はカレー！ これで夏の月間カレー祭りを堂々と開催できますよ！ うん、データ分析って楽しいかも！

1年中食べてるくせに…。それにしても、なぜか3月もカレーの消費が増えるのね。3月にカレーイベントをしたら儲かるかも♪ マーケティング部の血が騒ぐわ〜。

 R言語

　データ分析の分野で、Pythonと並んでよく使用されるのがR言語です。Pythonのように機械学習と組み合わせたり、分析結果をシステムに組み込んだりするのは得意ではありませんが、データ分析に特化しているため、分析の用途ではPythonよりも手軽に実現できることも多いと評価されています。

8.2 Pythonの基礎を学び終えて

8.2.1 終わりに

8章にわたってPythonの基礎を学んできましたが、ここでもう一度、Pythonの特性を振り返ってみましょう。

Pythonの特性
- シンプルな文法で、手軽にプログラム開発ができる。
- 機械学習をはじめ、さまざまな分野のライブラリが充実している。

このような特性を持つPythonは1991年に公開されて以来、現在に至ってもその人気は衰えることなく、むしろ活躍の場を広げています。そして、データサイエンスやAIといった分野の発展とともに、Pythonエンジニアの需要は今後も増えていくと予想されています。

本書では、はじめてプログラミングを学ぶ人にも手軽に読み進めてもらえるよう、Pythonの基礎の部分に集中して解説してきました。しかし、Pythonはこれまで紹介したもの以外にもたくさんの機能を備えています。本書の内容を復習しつつ、インターネットや多数出版されている技術書などを活用して知識を広げていってください。

そうか、ここまではまだほんの入り口にすぎないのね。

そして、そのような書籍や記事の中では、**オブジェクト指向プログラミング**、**関数型プログラミング**という言葉と出会うかもしれません。これらはプログラミングのパラダイム（考え方や手法）を表す言葉で、前者は大規模な

プログラムを多人数で手分けして開発するのに役立ちます。後者はバグが混入しにくく、テストがしやすいプログラムを開発するのに役立ちます。それぞれ専門書が書かれるくらいの内容であるため、本書ではあえて紹介せず、基本的な**手続き型プログラミング**をベースに解説してきました。

しかし、**オブジェクト指向プログラミングや関数型プログラミングについて詳しく知らなくても、機械学習をはじめとするさまざまな専門分野の学習に進むことはできます。**なぜなら、どのような分野であってもPythonにはライブラリが豊富に用意されており、それらのライブラリを駆使していくことが主体となるからです。そしてそのライブラリの基本的な使い方は、本書の知識をしっかりと身に付けておけば、いくらでも応用可能です。

> オブジェクト指向や関数型プログラミングは、大規模開発に参加したり、ライブラリを作る立場になったり、必要に迫られたときに勉強しても遅くはないんだ。

やりたいことが見つかったら、積極的にチャレンジしてください。やりたいことが見つからなくても、積極的にいろいろな分野に首を突っ込んでみてください。みなさんの行動の先に、きっと道は拓けるでしょう。ぜひ、松田くんや浅木さんとともに、新しい世界を探しに行きましょう。

> どの道を選んでも「間違い」はない。選んだ道が正解になると信じて、次の一歩を踏み出そう！

> はい！

さらなる高みを目指して──

松田くんと浅木さんの成長の旅は続きます

Python のはじめの一歩

Python に関わるすべての人が知っておきたい内容をサクッと速習できる！

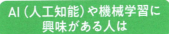

AI（人工知能）や機械学習に興味がある人は

「AI」「機械学習」「データ処理」などに関する書籍やサイトで学習しよう

検索キーワード　Python ＋ | 機械学習 | Pandas | Numpy | クラスタリング |

Python をもっと使いこなしたい人は

Pythonのより高度な内容を含む書籍やサイトで学習しよう

検索キーワード　Python ＋ | クラス | オブジェクト指向 | ラムダ | 関数型プログラミング | Flask | Django |

付録A
エラー解決・虎の巻

プログラミングをしていると、思いどおりに動かない、
エラーがなかなか解消できない状況によく陥ります。
幸い、「エラーを効率良く解決する」にはコツがあります。
この付録では、エラー解決に関するコツと
トラブルシューティングを紹介します。
また、Pythonで例外処理を記述する方法も解説しています。

contents

A.1　エラーとの上手な付き合い方
A.2　トラブルシューティング
A.3　例外処理

A.1 エラーとの上手な付き合い方

A.1.1 エラー解決の3つのコツ

　Pythonを学び始めて間もないうちは、作成したプログラムが思うように動かない場面も多いでしょう。1つのエラーの解決に長い時間がかかるかもしれませんが、誰もが通る道ですから自信をなくす必要はありません。

　しかし、その「誰もが通る道」を可能な限り効率よく駆け抜けて、エラーをすばやく解決できるようになれたら理想的です。幸いにも、エラーを解決するにはコツがあります。この節ではそのコツを、次節では具体的な状況別にエラーの対応方法を紹介します。

コツ①　エラーメッセージから逃げずに読む

　はじめのうちは、エラーが出ると、エラーメッセージをきちんと読まずに思いつきでソースコードを修正してしまいがちです。しかし、**「どこの何が悪いのか」という情報は、エラーメッセージに書いてあります。**その貴重な手がかりを読まないのは、目隠しをして探し物をするのと同じです。上級者でも難しい「ノーヒント状態でのエラー解決」は、初心者にとっては至難の業でしょう。

　メッセージが英語、あるいは不親切な日本語でも、エラーメッセージはきちんと読みましょう。特に英語の意味を調べる手間を惜しまないでください。ほんの数分の手間で、その何倍も悩む時間を節約できる可能性さえあります。

コツ②　原因を理解して修正する

　エラーが発生した原因を理解しないまま、コードを修正してはいけません。原因がわからないままでは、いずれまた同じエラーに悩まされます。理解に時間がかかったとしても、二度と同じエラーに悩まされないほうが合理的といえるでしょう。特に、原因を理解していなくても表面的にエラーを解消してしまう、開発ツールや統合開発環境の「エラー修正支援機能」には注意が

必要です。初心者のうちはできるだけこの機能を使わずに、自分でエラーに対応しましょう。

コツ③　エラーの発生をチャンスと考える

　熟練した開発者がすばやくエラーを解決できるのは、Python の文法に精通しているからという理由だけではありません。エラーを起こした失敗経験と、それを解決した成功経験の引き出しをたくさん持っている、つまり、**似たようなエラーで悩んだ経験があるから**なのです。

　従って、エラー解決の上達には、たくさんのエラーに出会い、試行錯誤し、引き出しを1つひとつ増やす過程が不可欠です。誰もが避けたいと思う**新しいエラーに直面して試行錯誤している時間こそ、最も成長している時間**です。深く悩む場面や切羽詰まる状況もあるでしょうが、「自分は今、成長している」と考えて、前向きに試行錯誤してください。

僕、エラーが出るといつもイヤな気持ちになってました。でも、ポジティブに考えればいいんですね。

そうだよ。熟練者も最初からスムーズにエラーを解決できたわけじゃない。初心者が経験を積み重ねた結果、熟練していったんだよ。

　以上の3つのコツの中で、最も基本かつ重要なのが、「エラーメッセージをきちんと読む」ことです。しかし、「そもそもエラーメッセージの読み方がわからない」という初心者も多いでしょう。そこで、次にエラーメッセージの読み方を紹介します。

A.1.2　エラーメッセージの読み方

　Pythonのエラーは、プログラム実行前に発生する構文エラーと、プログラム実行中に発生する実行時エラー（例外）に分けられます（0.3.1項）。それぞれ、発生するとエラーに関する情報が表示されます。

構文エラー発生時の例

```
  File "/home/fdk/main.py", line 1
    print('hello)
                ^   エラーが発生した場所
SyntaxError: unterminated string literal (detected at line 1)
```
エラーの名前　　　　　　　エラーメッセージ

実行時エラー発生時の例

```
Traceback (most recent call last):
  File "/home/fdk/main.py", line 1, in <module>
    print(x)       エラーが発生した場所（スタックトレース）
         ^
NameError: name 'x' is not defined    エラーメッセージ
```
エラーの名前（実行時エラーは「SyntaxError」以外が表示される）

　構文エラーと実行時エラーでは表示される内容が異なりますが、主に「エラーが発生した場所」「発生したエラーの名前」「エラーメッセージ」が通知されます。これらの情報をヒントに、エラーの原因を推測してソースコードを修正します。
　Pythonのプログラミング経験が少ないうちは、エラー原因を推測するのが難しいため、次節のトラブルシューティングを参考にしてみてください。よく発生するエラーとその原因を紹介しています。

A.1.3　スタックトレース

　プログラムの規模が大きくなるにつれ、実行時エラーの要因は多岐にわたるため、エラー解決が難しくなります。その際に役立つのが**スタックトレース**（stacktrace）です。スタックトレースには、エラーが発生するまでの過程（関数の呼び出し順序など）が示されています。スタックトレースを読み解くと、プログラム作成時には想定していなかった問題に気づく可能性もあ

ります。ぜひ、スタックトレースの読み方をマスターしておきましょう。

それでは、次のコードA-1を実行すると表示されるスタックトレースを見てみましょう。

コードA-1　2つの関数定義と呼び出し

```
01  def funcA(z):
02      ans = z * a
03      print(ans)
04
05  def funcB(x, y):
06      z = x + y
07      funcA(z)
08
09  x = 10
10  y = 20
11  funcB(10, 20)
```

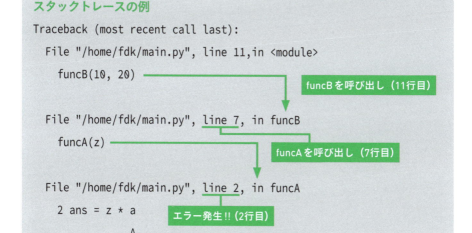

スタックトレース内の `line X` の記述に注目すると、エラーが発生するま

でに、どの関数をどの順番で呼び出しているかを確認できます。この場合、funcB関数の呼び出し（11行目）→ funcA関数の呼び出し（7行目）→ funcA（2行目）で実行時エラーが発生したことを示しています。

　エラーを解決するには、まず、エラーが発生した関数のソースコードを確認し、エラーの発生原因が判明すれば、それを修正します。しかし、その関数を見ても問題が見つからないときは、呼び出し方法に問題があると仮定して、呼び出し元の関数を確認します。もし呼び出し元の関数にも問題がなければ、さらにその呼び出し元へとさかのぼっていきます。

　今回の場合、funcA関数をまず確認し、問題がなければfuncB関数にさかのぼります。もし、funcB関数に問題がなければ、その呼び出し元を確認します。

　なお、エラーの発生した関数がライブラリで提供されている関数だった場合、世の中で広く使われている関数にバグがあるとは考えにくいので、そのような場合は呼び出し元の関数から確認します。

A.2 トラブルシューティング

A.2.1 構文エラーが発生した

(1) SyntaxError: unterminated string literal

原因 文字列を'または"の引用符で囲んでいない。

例 文字列helloの引用符を閉じていない。

```
01  print('hello)
```

実行結果
```
  File "/home/fdk/main.py", line 1
    print('hello)
          ^
SyntaxError: unterminated string literal
```

(2) SyntaxError: '(' was never closed

原因 カッコが正しく閉じられていない。

例 print関数の丸カッコを閉じていない。

```
01  print('hello'
```

実行結果
```
  File "/home/fdk/main.py", line 1
    print('hello'
         ^
SyntaxError: '(' was never closed
```

| 例 | リストの角カッコを閉じていない。

```
01  my_list = [10, 20, 30
```

実行結果
```
  File "/home/fdk/main.py", line 1
    my_list = [10, 20, 30
              ^
SyntaxError: '[' was never closed
```

(3) IndentationError: expected an indented block after 'X' statement on line Y

| 原因 | インデントが必要な箇所でインデントされていない。
| 備考 | Xにはインデントが必要となるキーワード、Yにはそのキーワードを使用した行番号が表示される。
| 例 | elseブロックをインデントしていない。

```
01  x = 10
02  if (x < 10) :
03      print('hoge')
04  else:
05  print('foo')
```

実行結果
```
  File "/home/fdk/main.py", line 5
    print('foo')
    ^
IndentationError: expected an indented block after 'else' statement on line 4
```

> 例 elseブロックの処理を書いていない。

```
01  x = 10
02  if (x < 10) :
03      print('hoge')
04  else:
```

実行結果

```
  File "/home/fdk/main.py", line 4
    else:
SyntaxError: expected an indented block after 'else' statement on
line 4
```

(4) SyntaxError: invalid（non-printable）character X

> 原因 全角のスペース（空白）や、全角の記号（引用符やカッコ）を使用している。

> 備考 Xには使用した文字（またはUnicodeによる文字コード）が表示される。

> 例 全角のスペースを使用している。

```
01  x□= 10
```

実行結果

```
  File "/home/fdk/main.py", line 1
    x  = 10
     ^
SyntaxError: invalid non-printable character U+3000
```

> 例 全角の丸カッコを使用している。

```
01  print('hello')
```

実行結果

```
  File "/home/fdk/main.py", line 1
    print('hello')
                 ^
SyntaxError: invalid character ')' (U+FF09)
```

(5) SyntaxError: invalid syntax

原因 正しくない文法を記述している。さまざまな要因が考えられるため、例を示す。

例 構文のキーワードが間違っている（ifの誤り）。

```
01  x = 10
02  iff x < 10:
03      print('hoge')
```

実行結果

```
  File "/home/fdk/main.py", line 2
    iff x < 10:
        ^
SyntaxError: invalid syntax
```

例 構文のキーワードが間違っている（importの誤り）。

```
01  inport math
02  print(math.pi)
```

実行結果

```
  File "/home/fdk/main.py", line 1
    inport math
           ^^^^
SyntaxError: invalid syntax
```

A.2.2 実行時エラーが発生した

(1) NameError: name 'X' is not defined

原因 定義していない変数や関数を使用した。

備考 Xには変数名や関数名が表示される。

例 定義していない変数xを使用した。

```
01  print(x)
```

実行結果
```
Traceback (most recent call last):
  File "/home/fdk/main.py", line 1, in <module>
    print(x)
          ^
NameError: name 'x' is not defined
```

例 定義していないhello関数を呼び出した。

```
01  hello()
```

実行結果
```
Traceback (most recent call last):
  File "/home/fdk/main.py", line 1,in <module>
    hello()
    ^^^^^
NameError: name 'hello' is not defined
```

(2) TypeError: can only concatenate str (not 'int') to str

原因 文字列と整数を+演算子で連結した。

例 文字列helloと整数10を連結した。

```
01  x = 10
02  print('hello' + x)
```

実行結果

```
Traceback (most recent call last):
  File "/home/fdk/main.py", line 2, in <module>
    print('hello' + x)
          ~~~~~~~~^~~
TypeError: can only concatenate str (not 'int') to str
```

(3) TypeError: unsupported operand type(s) for X

原因 データ型にサポートされていない演算を行った。

備考 Xには、記述した演算子やデータ型が表示される。

例 文字列helloを整数5で割った。

```
01  print('hello' / 5)
```

実行結果

```
Traceback (most recent call last):
  File "/home/fdk/main.py", line 1, in <module>
    print('hello' / 5)
          ~~~~~~~~^~~
TypeError: unsupported operand type(s) for /: 'str' and 'int'
```

例 文字列のべき乗を求めた。

```
01  print('hello' ** 5)
```

実行結果

```
Traceback (most recent call last):
  File "/home/fdk/main.py", line 1, in <module>
    print('hello' ** 5)
          ~~~~~~~~^^~~
TypeError: unsupported operand type(s) for ** or pow(): 'str' and 'int'
```

(4) TypeError: X takes Y positional arguments but Z was/were given

原因 関数の仮引数より実引数のほうが多い。
備考 Xには関数名、Yには仮引数の数、Zには実引数の数が表示される。
例 仮引数がないhello関数に、実引数を1つ指定した。

```
01  def hello():
02      print('Hello')
03  hello('World')
```

実行結果

```
Traceback (most recent call last):
  File "/home/fdk/main.py", line 3, in <module>
    hello('World')
TypeError: hello() takes 0 positional arguments but 1 was given
```

例 仮引数が2つのhello関数に、実引数を3つ指定した。

```
01  def hello(x, y):
02      print(x + ', ' + y)
03  hello('Hello', 'Python', 'World')
```

付録A エラー解決・虎の巻 **329**

実行結果

```
Traceback (most recent call last):
  File "/home/fdk/main.py", line 3, in <module>
    hello('Hello', 'Python', 'World')
TypeError: hello() takes 2 positional arguments but 3 were given
```

(5) TypeError: X missing Y required positional argument(s): 'Z'

原因 呼び出した関数の仮引数に渡す実引数が不足している。

備考 Xには関数名、Yには不足している実引数の数、Zには仮引数名が表示される。

例 仮引数が1つのhello関数に実引数を渡さなかった。

```
01  def hello(x):
02      print('Hello,' + x)
03  hello()
```

実行結果

```
Traceback (most recent call last):
  File "/home/fdk/main.py", line 3, in <module>
    hello()
TypeError: hello() missing 1 required positional argument: 'x'
```

例 仮引数が2つのhello関数に実引数を渡さなかった。

```
01  def hello(x, y):
02      print(x + ', ' + y)
03  hello()
```

実行結果

```
Traceback (most recent call last):
  File "/home/fdk/main.py", line 3, in <module>
    hello()
TypeError: hello() missing 2 required positional arguments: 'x' and 'y'
```

(6) ZeroDivisionError: division by zero

原因 0で除算した。

例 10を0で割った。

```
01  x = 10
02  y = 0
03  ans = x / y
```

実行結果

```
Traceback (most recent call last):
  File "/home/fdk/main.py", line 3, in <module>
    ans = x / y
          ~~^~~
ZeroDivisionError: division by zero
```

(7) IndentationError: unindent does not match any outer indentation level

原因 インデントが正しく行われていない。

例 if-else構文の `else:` の行に不要なインデントをした。

```
01  if x >= 100:
02      print('hoge')
03    else:
04      print('foo')
```

付録A エラー解決・虎の巻 **331**

実行結果

```
File "/home/fdk/main.py", line 3
    else:
        ^
IndentationError: unindent does not match any outer indentation level
```

(8) IndentationError: unexpected indent

原因 1つのブロック内でインデントの記法が統一されていない。

例 インデントにスペース（3行目）とタブ文字（4行目）が混在している。

```
01  x = 100
02  if x >= 100:
03      print('hoge')
04      print('foo')
```

実行結果

```
File "/home/fdk/main.py", line 4
    print('foo')
IndentationError: unexpected indent
```

(9) IndexError: list index out of range

原因 指定した添え字の要素がリストに存在しない。

例 要素数3のリストに対して4番目（[3]）の要素を指定した。

```
01  my_list = [10, 20, 30]
02  print(my_list[3])
```

実行結果

```
Traceback (most recent call last):
  File "/home/fdk/main.py", line 2, in <module>
    print(my_list[3])
          ~~~~~~~^^^
IndexError: list index out of range
```

(10) KeyError: 'X'

原因 指定したキーを持つ要素がディクショナリに存在しない。
備考 Xには誤って指定したキーが表示される。
例 ディクショナリに存在しないキーhooを指定した（fooの誤り）。

```
01  my_dict = {'hoge':1, 'foo':2 }
02  print(my_dict['hoo'])
```

実行結果

```
Traceback (most recent call last):
  File "/home/fdk/main.py", line 2, in <module>
    print(my_dict['hoo'])
          ~~~~~~~^^^^^^^
KeyError: 'hoo'
```

(11) ValueError: X

原因 関数に渡した値が適切でない。
備考 Xには呼び出した関数に応じた内容が表示される。
例 引数を整数に変換するint関数に、整数に変換できない値を渡した。

```
01  x = 'hello'
02  x = int(x)
```

実行結果
```
Traceback (most recent call last):
  File "/home/fdk/main.py", line 2, in <module>
    x = int(x)
        ^^^^^^
ValueError: invalid literal for int() with base 10: 'hello'
```

(12) UnboundLocalError: cannot access local variable 'X' where it is not associated with a value

原因 ローカル変数を初期化する前に参照しようとした。
備考 Xにはローカル変数名が表示される。
例 変数aに値を代入する前に参照しようとした。

```
01  def hoge():
02      print(a)
03      a = 10
04  hoge()
```

実行結果
```
Traceback (most recent call last):
  File "/home/fdk/main.py", line 4, in <module>
    hoge()
  File "/home/fdk/main.py", line 2, in hoge()
    print(a)
          ^
UnboundLocalError: cannot access local variable 'a' where it is not associated with a value
```

(13) ModuleNotFoundError: No module named 'X'

原因 指定したモジュールが見つからない。
備考 Xには、誤って指定したモジュールの名前が表示される。
例 mathを指定するつもりで、masuを指定した。

```
01  import masu
```

実行結果

```
Traceback (most recent call last):
  File "/home/fdk/main.py", line 1, in <module>
    import masu
ModuleNotFoundError: No module named 'masu'
```

(14) AttributeError: module 'X' has no attribute 'Y'

原因 取り込んだモジュールに存在しない変数や関数を指定した。
備考 Xにはモジュール名、Yには変数名または関数名が表示される。
例 mathモジュールのpow関数を誤ってpowerと記述した。

```
01  import math
02  math.power(10, 2)
```

実行結果

```
Traceback (most recent call last):
  File "/home/fdk/main.py", line 2, in <module>
    math.power(10, 2)
    ^^^^^^^^^^
AttributeError: module 'math' has no attribute 'power'
```

(15) ImportError: cannot import name 'X' from 'Y'

原因 指定した変数や関数をモジュールから取り込めない。

付録A エラー解決・虎の巻 335

備考 Xには変数名または関数名、Yにはモジュール名が表示される。

例 mathモジュールのpow関数を誤ってpowerと記述した。

```
01  from math import power
```

実行結果
```
Traceback (most recent call last):
  File "/home/fdk/main.py", line 1, in <module>
    from math import power
ImportError: cannot import name 'power' from 'math'
```

(16) KeyboardInterrupt

原因 プログラムを強制的に終了した。

例 無限ループが発生したので、Ctrl + C キーなどで終了させた。

```
01  x = 0
02  while x < 10:
        print('Hello')
```

実行結果
```
Traceback (most recent call last):
  File "/home/fdk/main.py", line 3, in <module>
    print('Hello')
KeyboardInterrupt
```

A.2.3 実行時エラーは出ないが動作がおかしい

(1) 作成したファイルが文字化けする

症状 open関数とwriteメソッドで出力したファイルを開くと、文字化けが発生して内容を読めない。

原因 ファイルに書き込んだ文字コードと、ファイルを読み込んだ文字コードが一致していない。

対応 ファイルを読み書きする文字コードを一致させる。Pythonは原則として実行環境のOSと同じ文字コードを使用するが、open関数の引数encodingで書き込む文字コードを指定できる。ファイルをエディタで開く場合は、エディタの文字コード設定を確認する。

参照 コラム「文字コード」(p.268)

(2) 作成したファイルを開けない

症状 open関数とwriteメソッドで出力したファイルを統合開発環境で開こうとすると、「diary.txt is not UTF-8 encoded」などと表示されて開けない。

原因 文字コード「UTF-8」を使用する統合開発環境では、「UTF-8」以外の文字コードで書かれたファイルは開けない。

対応 文字コード「UTF-8」を使用する統合開発環境でファイルを開くには、「UTF-8」でファイルに書き込む必要がある。Pythonは原則として実行環境のOSと同じ文字コードを使用するため、たとえば古いWindows環境では、何も指定しないと文字コード「CP932」で書き込まれてしまい、ファイルを開けなくなる。open関数の引数encodingに「utf-8」を指定する。

参照 コラム「文字コード」(p.268)

(3) dokopyで出力したファイルを開けない

症状 ファイルを出力するプログラムをdokopyで実行したが、作成したファイルを開けない。

原因 dokopyでは出力したファイルを開く機能を提供していない。

対応 ① ファイルを出力するプログラムは、pythonコマンドや統合開発環境など、dokopy以外の環境で実行する。
② dokopyでファイルに出力した内容を確認するには、ファイルを出力した直後に、作成したファイルを読み込んで画面に表示する処理をプログラムに追加する(次のコードを参照)。

```python
01  # まずファイルに書き込む
02  with open('diary.txt', 'w') as file:
03      file.write('今日は晴れです\n')
04      file.write('明日は雨です\n')
05  
06  # 同じファイルを読み込む
07  with open('diary.txt', 'r') as file:
08      for line in file:          # 1行ずつ最後まで読む
09          print(line, end='')    # 読み込んだ行にも改行があるため、print関数の\nをキャンセルする
```

参照 7.2.2項

A.3 例外処理

A.3.1 例外処理とは

次のコードA-2は、割り勘を計算するプログラムです。このプログラムを実行して、料金や人数に「a」などの整数に変換できない文字列を入力すると、ValueErrorが発生してプログラムが途中で終了してしまいます。

コード A-2 ValueErrorが発生するプログラム

```
01  price = int(input('料金を入力 >>'))
02  number = int(input('人数を入力 >>'))
03  print(f'1人あたり{price / number}円です')
04  print('プログラムを終了します')
```

実行結果
```
料金を入力 >>1000
人数を入力 >>a
Traceback (most recent call last):
  File "/home/fdk/main.py", line 2, in <module>
    number = int(input('人数を入力 >>'))
             ^^^^^^^^^^^^^^^^^^^^^^^^^^^
ValueError: invalid literal for int() with base 10: 'a'
```

開発中の環境なら、実行時エラーが発生してプログラムが途中で終了してしまっても問題になりません。しかし、本番運用の環境でプログラムが途中で終了してしまうと、ユーザーにとって意味のわからないスタックトレースが表示されたり、プログラムを実行しているコンピュータの動作が不安定になったりする可能性もあるので、あまり好ましくありません。

例外処理を記述しておくと、実行時エラーが発生しても途中で終了することなく処理を継続できます。例外処理は**try-except文**で指示します。次のコードA-3は、コードA-2に例外処理を加えて、ValueErrorが発生しても処理を継続するようにしています。

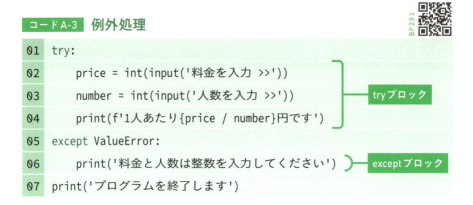

コードA-3　例外処理

```
01  try:
02      price = int(input('料金を入力 >>'))
03      number = int(input('人数を入力 >>'))
04      print(f'1人あたり{price / number}円です')
05  except ValueError:
06      print('料金と人数は整数を入力してください')
07  print('プログラムを終了します')
```

tryとexceptの2つのブロックに注目してください。tryブロックの中で実行時エラーが発生すると、tryブロック内の処理を中断し、exceptブロックを実行します。このプログラムでは、もし、整数に変換できない文字列を人数に入力した場合、実行結果は次のようになります。

実行結果（人数に文字列を入力した場合）
料金を入力 >>1000
人数を入力 >>a
料金または人数は整数を入力してください
プログラムを終了します

人数に数値以外を入力されると、3行目でValueErrorが発生します。それにより、tryブロックの処理は中断されてexceptブロックが実行されるので、ユーザー向けのエラーメッセージ（6行目）が表示されます。さらに、最終行のprint関数まで実行されますから、プログラムが正常に終了していることがわかります。

例外処理でエラーによる強制終了を防ぐ

try-except 文による例外処理で、実行時エラーが発生しても処理を継続できる。

もし、tryブロックでValueErrorが発生しなかった場合は、exceptブロックは実行されません。

```
実行結果（人数に数値を入力した場合）
料金を入力 >>1000
人数を入力 >>5
1人あたり200.0円です
プログラムを終了します
```

exceptブロックでどのような処理を行うかは開発者の自由ですが、一般的には、ユーザーにわかりやすいメッセージを出力したり、再入力を促したりするなどの回復処理を行うのが一般的です。

A.3.2 エラーの内容に応じて対応する

　try-except文を用いても、必ず実行時エラーの発生時に例外処理が行われるわけではありません。たとえば、コードA-3の場合、人数に0を入力すると4行目でZeroDivisionError（p.331）が発生しますが、exceptブロックは実行されずプログラムは途中で終了してしまいます。

　その理由は、exceptの右に書かれている実行時エラーの名前にあります。この名前は、exceptブロックで対応する実行時エラーを示しています。そのため、コードA-3では、tryブロック内でValueErrorが発生した場合にのみexceptブロックが実行され、ZeroDivisionErrorなどほかのエラーではexceptブロックが実行されずにプログラムが途中で終了します。

　もし、ValueErrorとZeroDivisionErrorの両方に対応したい場合は、次ページのコードA-4のように書きます。

> コードA-4　ValueErrorとZeroDivisionErrorの両方に対応する

```
01  try:
02      price = int(input('料金を入力 >>'))
03      number = int(input('人数を入力 >>'))
04      print(f'1人あたり{price / number}円です')
05  except ValueError:
06      print('料金と人数は整数を入力してください')   ← ValueError発生時の処理
07  except ZeroDivisionError:
08      print('人数には0を入力できません')   ← ZeroDivisionError発生時の処理
09  print('プログラムを終了します')
```

　なお、次のコードA-5のように実行時エラーの名前を省略すると、すべての実行時エラーに対応できます。ただし、原因が異なるエラーに対して同じ対応をしてしまうので、表示するメッセージを工夫するなどの対応が必要になります。

> コードA-5　すべての実行時エラーに対応する

```
01  try:
02      price = int(input('料金を入力 >>'))
03      number = int(input('人数を入力 >>'))
04      print(f'1人あたり{price / number}円です')
05  except:
06      print('料金と人数に適切な整数を入力してください')   ← すべての実行時エラー発生時の処理
07  print('プログラムを終了します')
```

例外処理

```
try:
    例外処理の対象とする処理
except 実行時エラーの名前:
    実行時エラー発生時の処理
```

※ exceptブロックは複数記述できる。
※ 実行時エラーの名前を省略するとすべての実行時エラーに対応する。

付録B
パズルRPGの製作

この付録は、ゲームプログラムを開発する総合演習です。
プログラミングのスキルは、一定規模のプログラムを
実際に手を動かして開発することによって、
着実に身に付いていきます。
ぜひ、本書で学んだPythonの知識を総動員して
挑戦してみてください。

contents

- B.1　ゲーム開発をしよう！
- B.2　ゲームの仕様
- B.3　課題1　全体の流れの開発①
- B.4　課題2　全体の流れの開発②
- B.5　課題3　敵モンスターの実装
- B.6　課題4　味方パーティの実装
- B.7　課題5　バトルの基本的な流れの開発

B.1 ゲーム開発をしよう！

B.1.1 これまでより大きなプログラムを作ってみよう

ゲーム開発って楽しそうではあるけど、私たちまだプログラミング初心者なのにゲームなんて作れるのかしら？

先輩、そんなに深刻に考えなくてもきっと大丈夫ですよ！やってやりましょう！

　この付録で開発するゲームは、およそ600行程度のプログラムです。実務で扱うプログラムとしては小規模な部類ですが、初心者である私たちにとっては、やり応えのある規模と複雑さといえるでしょう。

　実際にこの課題に取り組み始めると、想像以上に難しく感じる人も多いはずです。それは、章末の練習問題のようなスキルの定着を確認するための課題とは違い、このゲーム開発が**新たなスキルの獲得を目的とした課題**として設計されているためです。

つまずいたり、途方に暮れたり、ヒントを見ながらじゃないと進めなかったりするかもしれないけど、そういう経験をしないと学べないものが、プログラミングにはあるんだ。

ええっ！！　大丈夫かなあ…。何だか心配になってきた…。

　浅木さんと松田くんの2人のように不安に感じる人のために、まずは一定規模以上のプログラムを開発するための手法を紹介します。

B.1.2　2つの開発手法

　ある程度の規模のプログラムを上手に組み上げていくには、一般的に「トップダウン方式」「ボトムアップ方式」の2つのアプローチがあります。

トップダウン方式　　　　　　　　　　　ボトムアップ方式

図B-1　トップダウン方式とボトムアップ方式

　トップダウン方式（top-down approach）とは、まず全体をザックリと作り、後から少しずつ細部を作り込んでいく手法です。彫刻などで、木や石膏を粗く削った上で、輪郭を細かく削り出していくやり方に似ています。

　この方式で開発する場合、たとえば、まずはタイトルを表示して、ゲームを始めるか終わるかを選択できるmain関数を作成します。「ゲームを始める」が選択された場合は、何らかのメッセージを表示するだけの関数を呼びます。ゲームの細かい内容は、その関数に後から少しずつ作り上げていきます。

> main関数があるからいつでも動きを試せるし、全体像も把握できる。序盤から枝葉の部分でつまずくのを防げる意味でも、入門者におすすめの手法だよ。

　一方の**ボトムアップ方式**（bottom-up approach）は、個々の部品を確実に作り込み、後からそれらを組み合わせていく手法です。必要な積み木を1つずつ集めて組み上げるやり方に似ています。

付録B　パズルRPGの製作　**347**

この方式で開発する場合、戦いの場面で使うダメージ計算の関数や、パズルの操作で使う処理の関数など、必要と見込まれる小さな部品をまずは作成します。そして、それらを呼び出す関数を作っていき、最後にmain関数を作成して全体を組み上げます。

部品単位で開発を進めるから分業しやすいし、実務の現場ではほとんどがこちらの方式なんだ。

B.1.3　シーケンス図

なるほど、今回はトップダウン方式でやればいいわけですね。

ご名答。それと、複雑なプログラム開発を攻略するための「武器」を紹介しておこう。

次のコードB-1を見てください。

コードB-1　関数を使ったプログラム

```
01  def function_a():
02      print('関数Aを実行')
03      function_b()     # function_bを呼び出し
04      function_c()     # function_cを呼び出し
05
06  def function_b():
07      print('関数Bを実行')
08
09  def function_c():
10      print('関数Cを実行')
11
```

12 function_a()

実行結果
関数Aを実行
関数Bを実行
関数Cを実行

function_aの中でfunction_bとfunction_cを呼び出している点に着目してほしい。

このコードを、シーケンス図と呼ばれる設計図で表すと、次のようになります。

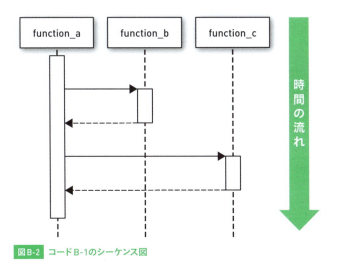

図B-2 コードB-1のシーケンス図

シーケンス図は、システム開発の現場で活用されている世界共通の設計図の1つです。実務の開発では、プログラム作成に着手する前に、このような図を使って開始から終了までの処理の流れを設計するのが一般的です。この図では、**上から下に時間が流れていて**、関数の呼び出しと処理の戻りが表現されています。

具体的に見てみましょう。まず、図の上部に「function_a」「function_b」

「function_c」の3つの長方形が描かれています。これは関数を表しており、この部分を見れば、このプログラムには3つの関数が必要だとわかります。

次に、各関数から縦に点線が引かれ、その線の上に縦長の長方形が描かれています。この縦長の長方形を**実行仕様**といい、各関数で処理が行われる状態を表しています。

そして、function_aからfunction_bに実線の矢印が横に伸びています。これは、function_a関数からfunction_b関数を呼び出すことを表現しています。また、function_bからfunction_aに点線の矢印が伸びています。これはfunction_b関数の処理が終わって、function_a関数に処理が戻ることを表しています。

このように、シーケンス図を使うと複数の関数を使った複雑な処理の流れを把握しやすくなります。今回の開発では、この図を用いて、作成する関数の関連性を解説します。

確かにこれなら、処理の流れが視覚的にわかりますね！

流れが目に見えると安心だろう？　以上がシーケンス図の基本だよ。ほかにも特徴はあるんだけど、それは必要に応じて紹介していくよ。

B.2 ゲームの仕様

B.2.1 ゲームの全体像

　世の中で販売しているような本格的なゲームを初心者が今すぐに作るのは困難ですが、この付録で開発するゲームもとても作りごたえのあるものとなっています。細かな仕様を紹介する前に、まずはゲーム画面の一部を見てみましょう。

```
プレイヤー名を入力してください> 松田
*** Puzzle & Monsters ***
松田のパーティ(HP=600)はダンジョンに到着した
＜パーティ編成＞----------------
@青龍@ HP= 150 攻撃= 15 防御= 10
$朱雀$ HP= 150 攻撃= 25 防御= 10
#白虎# HP= 150 攻撃= 20 防御=  5
~玄武~ HP= 150 攻撃= 20 防御= 15
--------------------------------

~スライム~が現れた！

【松田のターン】
--------------------------------
~スライム~
HP= 100 / 100

@青龍@ $朱雀$ #白虎# ~玄武~
HP= 600 / 600
```

図B-3　画面（1）ゲーム開始時のパーティ編成

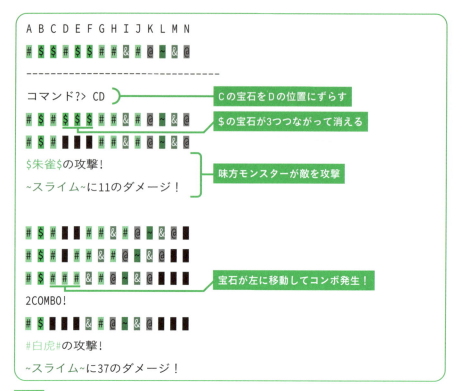

図B-4　画面（2）コマンド入力による宝石の移動と攻撃

　今回開発するのは、パズルとして表示される宝石を揃え、揃えた宝石の属性に応じた味方モンスターが敵モンスターを攻撃し、ダンジョンを攻略していくゲームです。

　敵モンスターのHPが0になったらそのバトルはクリアとなり、より強い敵モンスターが出現します。最後のモンスターである「ドラゴン」を倒すとゲームクリアです。

おお〜！　思いのほか本格的ですね！

そうだろう？ タイトルは「Puzzle & Monsters」、略して「Puzmon」（パズモン）さ！ 決して簡単とは言えないけど、ここまでやってきたキミたちならきっと作っていけるよ。だけど難しいポイントもいくつかあるから、Step by Stepで進めていこう。

はい！ 頑張ります！！

B.2.2 ゲームの流れ

この節では、以降、ゲームの仕様を紹介します。ざっと目を通して雰囲気を掴んでください。詳細については、必要に応じて読み返せばよいでしょう。

1. ゲームタイトルは「Puzzle & Monsters」（略して「Puzmon」）とする。
2. プレイヤーは、ゲームスタート時点で4匹の味方モンスター（青龍、朱雀、白虎、玄武）を従えている。
3. プレイヤーは、ゲームスタート直後に4匹の味方モンスターとパーティを編成してダンジョンに行く。
4. ダンジョンでは5回のバトルが発生し、すべてのバトルで敵モンスターのHPを0にすればゲームクリア。途中でパーティのHPが0になるとゲームオーバー。
5. 各バトルは、パーティ対敵モンスター1匹の構図で戦う。敵モンスターのHPを0にすると次のバトルに進む。
6. バトルで戦う相手は、登場順に「スライム」「ゴブリン」「オオコウモリ」「ウェアウルフ」「ドラゴン」とする。
7. ゲーム終了時には、「GAME OVER!!」または「GAME CLEARED!!」のメッセージとともに、倒した敵モンスターの数を表示する。

B.2.3 パラメータの概要

1. 敵モンスターのパラメータは、名前、HP、最大HP、属性、攻撃力、防御力とする。
2. 味方モンスターのパラメータは、敵モンスターのパラメータと同じとする。
3. パーティのパラメータは、プレイヤー名、4匹の味方モンスター、パーティのHPおよび最大HP、防御力とする。
4. パーティ編成時、パーティに参加している味方モンスターのHPの合計値がパーティのHPおよび最大HPとなる。また、味方モンスターの防御力の平均値がパーティの防御力となる。
5. ダンジョン内のバトルでは、パーティのHPが増減し、味方モンスターごとのHPは増減しない。

B.2.4 モンスター基本情報

敵・味方モンスターのパラメータは以下のとおりとする。

表B-1 敵モンスター

名前	HP	最大HP	属性	攻撃力	防御力
スライム	100	100	水	10	1
ゴブリン	200	200	土	20	5
オオコウモリ	300	300	風	30	10
ウェアウルフ	400	400	風	40	15
ドラゴン	600	600	火	50	20

表B-2 味方モンスター

名前	HP	最大HP	属性	攻撃力	防御力
青龍	150	150	風	15	10
朱雀	150	150	火	25	10
白虎	150	150	土	20	5
玄武	150	150	水	20	15

B.2.5 属性システム

1. 「Puzmon」の世界には6つの属性が存在し、モンスターや宝石は必ずいずれかの属性を持っている。

表B-3 属性

属性	英語名	記号	色	本書の色	色コード
火	FIRE	$	赤		1
水	WATER	~	水色		6
風	WIND	@	緑		2
土	EARTH	#	黄色		3
命	LIFE	&	紫		5
無	EMPTY	(半角空白)	黒		7

※ 色コードの使い方はB.5.6項で解説。

2. 属性には次の4つの強弱関係がある。これ以外の関係は存在しない。

   水＞火　火＞風　風＞土　土＞水

B.2.6 バトルシステム

ここで紹介するバトルシステムとダメージルールの仕様は特に複雑だから、今は眺めるだけでいいよ。必要になったときに確認すればOKだ。

1. バトルは、味方のターンと敵のターンが交互に行われ、相手方に対してHPを減らす攻撃を行う。
2. バトルは、味方パーティと敵モンスター1匹で行われ、どちらかのHPが0以下になるまで続く。
3. バトルで敵を倒して次のバトルに進んでも、パーティのHPは回復しない。
4. バトルが行われる場をバトルフィールドといい、ここには14個の宝石置き場（スロット）が存在する。各スロットには、左から順にA〜Nの記号が

振られている。
5. バトル開始時には、各スロットにはすでに14個の宝石（Gem）が並んでいる。宝石は「無」を除く5種類の属性のいずれかである。
6. プレイヤーはスロットに置かれた宝石を動かして、味方モンスターに攻撃させたり、HPを回復したりしてバトルを進める。
7. プレイヤーは、「AD」などの2文字のアルファベットによるコマンドを入力して宝石を動かす。これは「Aスロットの宝石をDスロットへ移動させる」という意味である。
8. 宝石は、隣と1つずつ交換しながら目的の位置まで移動する。たとえば、「AD」コマンドの場合、「AとBを交換」「BとCを交換」「CとDを交換」という3回の交換を経て移動する。
9. 宝石は同じ属性のものが3つ以上隙間なく並ぶと消滅し、次の効果を発揮する。
    - 火の宝石：火属性の味方モンスターが攻撃
    - 水の宝石：水属性の味方モンスターが攻撃
    - 風の宝石：風属性の味方モンスターが攻撃
    - 土の宝石：土属性の味方モンスターが攻撃
    - 命の宝石：パーティのHPが回復
10. バトル開始時に偶然同じ属性の宝石が3つ以上並んでいても消滅しない。
11. 宝石が消滅して生じた空きスロットは、それより右側に並んでいる宝石が左にずれて詰められる（空き詰め）。これにより、さらに3つ以上の同属性の宝石が並んだ場合、それらが消滅して効果が発生する（詰めコンボ）。
12. 3つ以上の同属性の並びが2組以上発生した場合は、同時に消滅せずに、より左の組から順に消滅する（空き詰めと評価処理を優先）。
13. 空き詰め終了後、空きスロット部分にはランダムに宝石が発生する。これにより3つ以上の同属性の宝石が並んだ場合、それらが消滅して効果が発生する（沸きコンボ）。
14. コンボ数は、コマンド入力での宝石移動による最初の消滅を1とし、以後、次の宝石移動までの間に発生した消滅のたびに1つずつ増加する。詰めコンボと沸きコンボは、発生原因は異なるがどちらもコンボ数を1増やす。
15. コンボ数が2以上で宝石が消滅するとき、画面には「2COMBO！」などのコンボ発生の事実を表示する。

B.2.7 ダメージルール

1. バトルにおけるダメージと回復量は、以下に示す式により決定する。なお、「±○%」とは、その値を基準値として、−○%〜+○%の幅でのランダムな変動を意味する。
2. 敵によるパーティへの攻撃ダメージ

    （敵の攻撃力 − パーティの防御力）±10%

    ※ 0以下の場合は1とする。

3. 味方モンスターによる敵へのダメージ

    （モンスターの攻撃力−敵防御力）×属性補正×コンボ補正±10%

    ※ 属性補強は本項の4、コンボ補正は本項の5を参照。
    ※ 0未満の場合は1とする。

4. 属性補強

    強属性モンスターから弱属性モンスターへの攻撃：2.0
    弱属性モンスターから強属性モンスターへの攻撃：0.5
    それ以外   ：1.0

5. コンボ補正

    1.5 ^ {消滅した宝石数 − 3 + コンボ数}

    ※ a^bは累乗（aのb乗）を表す。
    ※ コンボ数は、B.2.6項バトルシステムの14を参照。

6. 命属性の宝石消滅によるHPの回復量

    （20×コンボ補正） ±10%

B.2.8 開発の流れと全体像

細かい部分はさておき、だいたいの仕様はわかりましたけど…。こんな本格的なもの、まったく作れる気がしませんよ！

うん、今のキミたちがそう感じるのは当然だ。だからこそ、最初に話したトップダウン方式で、少しずつ作っていくんだよ。

この節で紹介したゲーム仕様だけを見て開発を進められるのは、たくさんの実績を積んだプログラミング上級者だけでしょう。この付録では、入門者である私たちでも無理なく階段を上っていけるよう、いくつかの課題に分割しました（表B-4）。

表B-4　取り組むステップとその課題

概要	開発の内容	節
課題1 全体の流れ①	ゲームの開始から終了までの全体の流れを担う処理	B.3
課題2 全体の流れ②	プレイヤー名の入力と、ダンジョンに行って帰ってくる流れを担う処理	B.4
課題3 敵モンスター実装	敵モンスターの実装と登場を担う処理	B.5
課題4 味方パーティ実装	味方モンスターの実装とパーティ編成を担う処理	B.6
課題5 バトルの基本の流れ	バトルの開始から終了までの基本的な流れを担う処理	B.7

⋮

最初のステップはまだまだ大きな氷塊でしかありませんが、階段を上って行くにつれ、Puzmonという氷像の細部が削り出されていくはずです。焦らずにじっくりと時間をかけるつもりで、一歩ずつ開発を進めていきましょう。

それじゃ、次節からPuzmonを開発していこう！！

B.3 課題1 全体の流れの開発①

準備が整ったらいよいよ開発を始めよう。各課題の最初に、目指すゴールと画面イメージ、そしてシーケンス図を見せるので確認してほしい。

B.3.1 課題1のゴール

課題1のゴール

(1) ゲーム起動直後にプレイヤー名をキーボードから入力する。
(2) プレイヤーがダンジョンを訪れる。ただし、この時点ではダンジョンで何もしない。
(3) 最後に、ゲームクリアメッセージと倒したモンスター数を表示する。

```
プレイヤー名を入力してください> 松田
*** Puzzle & Monsters ***
松田はダンジョンに到着した
松田はダンジョンを制覇した
*** GAME CLEARED!! ***
倒したモンスター数=5
```

図B-5 課題1の完成画面イメージ

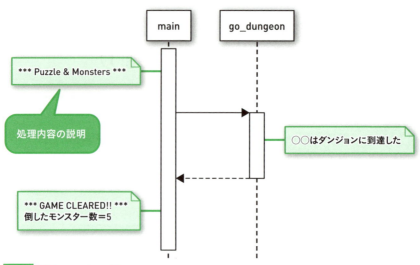

図B-6　課題1のシーケンス図

　シーケンス図の左上に、「*** Puzzle & Monsters ***」と書かれていますね。これは、main関数の最初に文字列を出力する必要があること意味します。このように、本書では、実行仕様（p.350）から横に出たメモ型の箱は、関数内で行うべき具体的な処理を表しています。

B.3.2　ソースファイルの作成

　まずは、ソースファイルを作りましょう。ファイル名は「puzmon1.py」とします。なお、JupyterLabなどのIDE環境の場合は、製品に応じたファイル形式にしてください。

コードB-2　最初のゲームプログラム

```
01  '''
02  作成日：XXXX年YY月ZZ日
03  作成者：松田
04  '''
05  # インポート
06
```

```
07  # グローバル変数の宣言
08
09  # 関数宣言
10  def main():
11      print('*** Puzzle & Monsters ***')
12
13  # main関数の呼び出し
14  main()
```

実行結果
```
*** Puzzle & Monsters ***
```

　このコードには、現状、main関数の定義とその呼び出しだけが記述されています。開発が進むにつれ、ゲームの要素を担うさまざまな関数をmain関数から呼び出していくことになるでしょう。

B.3.3 main関数とgo_dungeon関数の作成

　図B-6に示したシーケンス図を見ると、コードB-2で作ったmain関数のほかに、go_dungeon関数が必要だとわかります。次の表B-5に、課題1で開発が必要な関数を示しました。それぞれの関数が担うべき機能を確認してください。

表B-5 課題1で作成する関数

関数名	新旧	引数	戻り値	課題1での機能
main	新規	なし	なし	ゲーム開始から終了までの全体の流れに責任を持つ。
go_dungeon	新規	プレイヤー名	倒したモンスターの数(5)	ダンジョン開始から終了までの流れに責任を持つ。ここでは常に5を返す。

うーん、表B-5や画面イメージには、シーケンス図に書かれていない処理がありますね。シーケンス図だけを見ていると、必要な処理を見逃しちゃいそう…。

シーケンス図は、処理の流れと概要を表すために用いられますが、具体的な処理内容の書き方については厳密なルールは定められていません。何をどこまで書くかは各自の判断に任されています。そこで、自分でプログラムを作成するために必要だと感じた情報は、画面イメージなどから読み取って図に追加していきましょう（図B-7）。

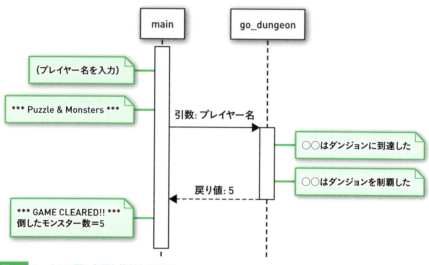

図B-7　シーケンス図に必要な情報を書き込む

書かれていないことがあったら、自分で書き込んじゃえばいいんですね。

そう、自分の手でわかりやすいシーケンス図を作っていくんだ。

　シーケンス図を準備できたら、課題1のゴールを満たすよう「puzmon1.py」を変更してください。

B.4 課題2 全体の流れの開発②

　課題2に取り組む前に、課題1で作成した「puzmon1.py」を複製して、「puzmon2.py」を作っておきましょう。課題2では「puzmon2.py」を編集していきます。以降の課題でも同様とします。

B.4.1 課題2のゴール

課題2のゴール

(1) プレイヤー名の入力チェック処理を行う。
(2) do_battle関数を呼び出す。
(3) 倒したモンスター数に応じて表示内容を変える。

```
プレイヤー名を入力してください＞ 松田
*** Puzzle & Monsters ***
松田はダンジョンに到着した
スライムが現れた！
スライムを倒した！
ゴブリンが現れた！
ゴブリンを倒した！
オオコウモリが現れた！
オオコウモリを倒した！
ウェアウルフが現れた！
ウェアウルフを倒した！
ドラゴンが現れた！
ドラゴンを倒した！
松田はダンジョンを制覇した
*** GAME CLEARED!! ***
倒したモンスター数=5
```

プレイヤー名が入力されなかったとき
```
プレイヤー名を入力してください＞
エラー：プレイヤー名を入力してください
```

倒したモンスターが5匹未満のとき
```
*** GAME OVER!! ***
```

図 B-8　課題2の完成画面イメージ

課題2のシーケンス図を図B-9に示しますが、課題1と同様に最小限の情報しか載せていませんから、必要な情報は自分で書き込みましょう。

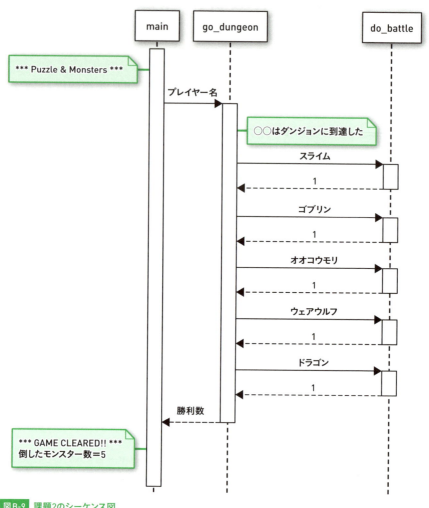

図B-9　課題2のシーケンス図

B.4.2 シーケンス図の解釈

図B-9のシーケンス図には、図B-2（p.349）と同じく関数が3つ登場していますが、違いがわかるでしょうか。

図B-2では、function_a関数からほかの関数を呼んでいましたね。

そう、そして今回のdo_battle関数は、go_dungeon関数から呼ばれている点に着目してほしい。

　図B-2の場合、function_b関数とfunction_c関数は、どちらもfunction_a関数から呼ばれていました。しかし、今回のシーケンス図では、main関数の中でgo_dungeon関数を呼び、さらにgo_dungeon関数の中でdo_battle関数を呼んでいます。これをコードにすると、次のような実装になるでしょう。

コードB-3 課題2の実装の概観

```
01  def do_battle():
02      #省略
03
04  def go_dungeon():
05      do_battle()     # do_battle関数の呼び出し
06
07  def main():
08      go_dungeon()    # go_dungeon関数の呼び出し
09      :
```

最初の1つを実行したら、続けて次の関数も実行されて、その中でさらにその次の関数も実行されていくのね。

なるほど。名付けて芋づる式関数呼び出しですね！

B.4.3 do_battle関数の作成と呼び出し

課題2で作成する関数は表B-6のとおりです。

表B-6 課題2で作成する関数

関数名	新旧	引数	戻り値	課題2での機能
do_battle	新規	敵モンスター名	勝敗フラグ (1)	1回のバトル開始から終了までの流れに責任を持つ。バトルに勝てば1、負ければ0を返す。ここでは常に1を返す。
go_dungeon	変更	プレイヤー名	倒した敵モンスターの数	ダンジョン開始から終了までの流れに責任を持つ。do_battle関数を利用して5匹の敵モンスターとバトルする。
main	変更	なし	なし	ゲーム開始から終了までの全体の流れに責任を持つ。プレイヤー名の入力チェックとゲーム終了メッセージの判定を行う。

1回のバトルを管理するdo_battle関数を新しく作りますが、現時点では詳細を作り込む必要はありません。仮の処理として、「○○が現れた！」「○○を倒した！」だけを表示し、すぐに戻り値1を返して終了します。

この関数の呼び出しと実行結果は次のようになるでしょう。

```
is_win = do_battle('スライム')
print(is_win)
```

> **実行結果**
> スライムが現れた！
> スライムを倒した！
> 1

do_battle関数はgo_dungeon関数の中で呼び出します。そのため、課題1で作成したgo_dungeon関数を変更します。変更にあたっては、次のポイントに注意してください。

go_dungeon関数の変更ポイント

・敵モンスターの名前リストを作っておく。
・名前リストを利用して、for文でdo_battle関数を呼び出す。
・do_battle関数を利用して、ダンジョンで倒した敵モンスターの数をカウントする。

B.4.4 main関数に機能を追加

最後に、main関数も忘れないで変更しよう。

　画面イメージ（図B-8）によると、プレイヤー名が入力されなかった場合、エラーメッセージを表示して入力を促す必要があります。また、倒した敵モンスターの数によって、ゲーム終了のメッセージを変化させる必要がありそうです。

ゲーム終了メッセージ

・敵モンスターを5匹すべて倒したら「*** GAME CLEARED!! ***」
・倒した敵モンスターが5匹未満なら「*** GAME OVER!! ***」

少しずつだけど、ゲームっぽい雰囲気になってきましたね！

B.5 課題3 敵モンスターの実装

B.5.1 課題3のゴール

課題3では、課題2で開発した内容をさらに発展させていきます。

課題3のゴール

（1）敵モンスターをディクショナリで作成する。
（2）敵モンスターをリストで管理する。
（3）敵モンスターの名前は、~スライム~のように、属性を表す記号が前後に付き、さらに属性を表す色で表示される。

```
プレイヤー名を入力してください> 松田
*** Puzzle & Monsters ***
松田はダンジョンに到着した
~スライム~が現れた！
~スライム~を倒した！
#ゴブリン#が現れた！
#ゴブリン#を倒した！
@オオコウモリ@が現れた！
@オオコウモリ@を倒した！
@ウェアウルフ@が現れた！
@ウェアウルフ@を倒した！
$ドラゴン$が現れた！
$ドラゴン$を倒した！
松田はダンジョンを制覇した
*** GAME CLEARED!! ***
倒したモンスター数=5
```

図 B-10　課題3の完成画面イメージ

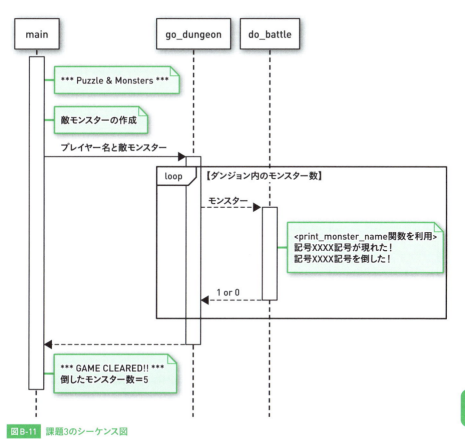

図 B-11　課題3のシーケンス図

　課題3のシーケンス図には、「loop」と書かれて枠線で囲まれた部分があります。これはシーケンス図における繰り返し処理を表しています。

「loop」の右側に書かれた【ダンジョン内のモンスター数】が繰り返しの回数を表しているんだ。

「loop」の枠が2つの関数にまたがっているということは、go_dungeon関数からdo_battle関数を繰り返して呼び出せばいいのか。

B.5.2 敵モンスターの作成

課題3で作成する関数を表B-7に示します。

表B-7 課題3で作成する関数

関数名	新旧	引数	戻り値	課題3での機能
main	変更	なし	なし	ゲーム開始から終了までの全体の流れに責任を持つ。敵モンスターを作成する。
go_dungeon	変更	プレイヤー名、敵モンスター	倒した敵モンスターの数	ダンジョン開始から終了までの流れに責任を持つ。do_battle関数を利用して5匹の敵モンスターとバトルする。
do_battle	変更	敵モンスター	勝敗フラグ(1)	1回のバトル開始から終了までの流れに責任を持つ。敵モンスター情報からモンスター名を取り出す。
print_monster_name	新規	モンスター名		モンスターの名前に属性記号を付与して属性色で表示する。

課題3の大きなテーマは、敵モンスターに関する内容の実装です。B.2.3項で紹介したように、モンスターは、名前・HP・最大HP・属性・攻撃力・防御力のパラメータを持っています（図B-12）。

図B-12 各モンスターは6つのパラメータを持つ

こういう同じようなデータをまとめて管理するいい方法があるんだが、覚えているかい？

同じようなデータのまとまり…。あ、コンテナですね！　パラメータ名もあるから、ディクショナリがよさそうです！

　パラメータが6つあることに加えてモンスターも1匹ではありませんから、これだけたくさんのデータを変数で1つずつ管理するのは大変です。そこで、パラメータ名と紐付けられるディクショナリを利用しましょう。たとえば、最初の敵であるスライムは次のようになります。

コードB-4　スライムの定義

```
01  slime = {
02      'name':'スライム',
03      'hp':100,
04      'max_hp':100,
05      'element':'水',
06      'ap':10,
07      'dp':1
08  }
```

　残りの4匹のモンスターについても、B.2節のゲーム仕様を参照して同様に作成します。なお、敵モンスターの作成処理を行うタイミングは、シーケンス図で確認してください。

B.5.3　敵モンスターの管理

　さて、課題3のシーケンス図を見ると、main関数からgo_dungeon関数に渡す引数が増えているのに気づいたでしょうか。

ほんとだ。増えたのは「敵モンスター」ですね。なぁんだ、さっき作った5匹分の敵モンスターをそのまま渡せばいいのか。

　松田くんの言うように、作成した敵モンスターをそのまま渡す場合、go_dungeon関数の呼び出しは次のようになるでしょう。

```
n = go_dungeon(name, slime, goblin, giantbat, werewolf, dragon)
```

もちろんそのまま渡してもいいんだが、ゲームの仕様が変更されて、モンスターの数が増えたり減ったりしても対応できるようにしておくのが得策だよ。

　作成した敵モンスターのディクショナリは、具体的な値は異なるものの、本質的にはどれも「敵モンスター」という同じ情報を管理しています。そこで、5匹の敵モンスターを作成した直後に、リストにまとめてあげましょう。

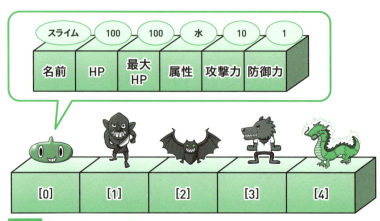

図B-13　敵モンスターリストの構造

　なお、敵モンスターリストは、要素にディクショナリを持つ2次元コンテナです（図B-13）。比較的複雑な構造ですから、しっかりとイメージしてからプログラムに落とし込みましょう。

敵モンスターをリストにまとめるのは、順序を持たせる意図もあります。リストには、for文と併用すると格納した順に要素を取り出せる特長がありました（4.2.2項）。バトル処理で敵モンスターリストを使えば、リストに格納した順でバトルの発生を自然に表現できます。もし、バトルの順序を変更したい場合は、リストへ格納する順序を変更するだけで対応できるでしょう。

go_dungeon関数が引数で敵モンスターリストを受け取るようにしておけば、将来、出現するモンスターが異なるダンジョンも追加しやすくなるよ。

B.5.4　バトル処理の改良

　課題2で作成したgo_dungeon関数は、敵モンスターの名前をdo_battle関数に渡してバトルを行っていました。do_battle関数を呼び出してバトルを行うのはこれまでと同じですが、go_dungeon関数が敵モンスターリストを引数で受け取るようになったのに伴い、do_battle関数に渡す引数も変わります。敵モンスターの名前ではなく、引数で受け取った敵モンスターリストから敵モンスター（ディクショナリ）を順番に取り出して渡すようにします。

go_dungeon関数の変更ポイント

- 引数に敵モンスターリストを追加する。
- for文を利用して敵モンスター情報を取り出し、do_battle関数に渡す。

　呼び出し元のgo_dungeon関数を変更できたら、次に、呼び出し先のdo_battle関数を変更します。敵モンスターリストから取り出された1匹分の敵モンスター（ディクショナリ）が引数で渡されますから、キーを使ってモンスターの名前を取り出して表示するよう変更します。

do_battle関数の変更ポイント
・引数をディクショナリに変更する。
・ディクショナリのキーを利用して敵モンスター名を取り出す。

2つの関数の変更が終わったら、属性の記号と色の表示を除いて、画面イメージ（図B-10）のように動作するかを確認しましょう。

B.5.5　print_monster_name関数の作成

課題3の画面イメージでは、敵モンスター名の前後に属性を表す記号が付与され、属性に応じた色の文字で表示されています。シーケンス図（図B-11）のdo_battle関数の説明を確認してみましょう。すると、＜print_monster_name関数を利用＞とあるので、モンスター名に属性を表示するためには、新しい関数が必要だとわかります（コードB-5）。

コードB-5　print_monster_name関数の概観

```
01  def print_monster_name(monster):
02      # monsterはディクショナリで受け取る
03      # (1)モンスターの名前をキーnameで取得する
04      # (2)後述
05      # (3)後述
06
07      # モンスター名を表示する
08      print(f'{monster_name}', end='')
```

改行しないようキーワード引数を指定

引数のmonsterはdo_battle関数と同様にディクショナリで受け取ります。モンスターの名前をキーnameで取得し、変数monster_nameに代入します。
　実際にコードを作成したら、do_battle関数内の敵モンスター名を表示す

る処理について、この関数を利用するよう変更しましょう。そして、main関数を実行し、**実行結果がこれまでと変わらないことを確認**してください。

> 新しい機能を追加するときは、まずこれまでの動作に影響がない範囲まで作って、動作が変わらないことを確認するんだ。その上で、新しい機能をコーディングすれば、エラーが出たときに原因を調査しやすいだろう？

　もちろん不具合の原因が既存部分にある可能性もゼロではありませんが、少しずつ作って確認を繰り返せば、可能性の高い範囲を限定できます。

　それでは、この項ではまず、モンスター名の前後に記号を付与する機能をprint_monster_name関数に追加しましょう。B.2.5項の属性システムを確認し、ディクショナリで属性と記号の関係を次のように定義します。

コードB-6　属性に対応する記号をディクショナリで定義

```
01  ELEMENT_SYMBOLS = {
02      '火': '$',
03      '水': '~',
04      '風': '@',
05      '土': '#',
06      '命': '&',
07      '無': ' '
08  }
```

> このディクショナリをprint_monster_name関数に書けばいいんですね。

> おっと、それが問題なんだ。

　属性に対応する記号を定義したELEMENT_SYMBOLSは、一見、print_monster_name関数に定義すればよさそうに思えます。しかし、属性と記号

の対応はゲーム全般に関わる仕様であり、print_monster_name関数以外でも利用する可能性があります。そこで、今回はグローバル変数として定義しておき、print_monster_name関数から利用しましょう。

でも、グローバル変数にはそれなりのリスクがありましたよね（5.4.2項）。使っちゃって大丈夫なのかな。

おっ、しっかり覚えていてくれたんだね！ 属性と記号の対応は、ゲーム全体で使う大きな決まりごとだから、むしろすべての関数で共有できるグローバル変数が都合いいんだ。それに、ゲームの途中で変化しない不変な情報だし、書き換えが必要になる場面も考えにくいからね。

ELEMENT_SYMBOLSを使ってモンスターの名前に記号を付与する処理は、概ね次のような流れで行います。

コードB-7　print_monster_name関数に属性表示を追加

```
01  def print_monster_name(monster):
02      # monsterはディクショナリで受け取る
03      # (1)モンスターの名前と属性を取得する
04      # (2)取得した属性に対応する記号をELEMENT_SYMBOLSから取得する
05      # (3)後述
06
07      # モンスター名を表示する
08      print(f'{symbol}{monster_name}{symbol}', end='')
```

改行しないようキーワード引数を指定

ここまでの処理をprint_monster_name関数に作成したら、文字色を除き、画面イメージ（図B-10）のように動作するかを確認しておきましょう。

column シーケンス図における関数の取捨選択

　print_monster_name関数は、ほかの関数のようにシーケンス図の上部に長方形で表現されていません。これは、すべての関数を1枚のシーケンス図に書き込むと図が複雑になり、理解の妨げになる恐れがあるためです。記入するのは本質的な処理を担当する関数に限定し、それ以外の汎用的な関数は簡単な説明だけに留めるなど、読みやすい図を作成するようにしましょう。

B.5.6　カラー表示機能の追加

　続いて、モンスター名を属性の色で表示する機能を追加しましょう。画面にカラーで表示するには、**ディスプレイ制御シーケンス**という特殊文字を用います。たとえば、文字を赤で表示するには、次のように記述します。

```
print('この本は、\033[31mスッキリわかるPython入門\033[0mです')
```

> **実行結果**
> この本はスッキリわかるPython入門です

　私たちには少々わかりにくい内容ですが、print関数で表示する文字列にこの指示を入れると、文字色や背景色を変えることができます。

ディスプレイ制御シーケンス

- カラー文字表示
  `\033[3色コードm出力文字列\033[0m`
- カラー背景表示
  `\033[4色コードm出力文字列\033[0m`

※ 色コードは表B-3（p.355）を参照。
※ `\033[0m` はカラー指示をリセットする。

付録B　パズルRPGの製作　**377**

この機能を使って、モンスターの名前を属性に応じた色で表示します。属性と色の対応は、前項の属性記号と同様に、ELEMENT_COLORSディクショナリとして定義します。print_monster_name関数にカラー表示機能を追加すると、概ね次のような流れになるでしょう。

コードB-8 print_monster_name関数にカラー表示を追加

```
01  def print_monster_name(monster):
02      # monsterはディクショナリで受け取る
03      # (1)モンスターの名前と属性を取得する
04      # (2)取得した属性に対応する記号をELEMENT_SYMBOLSから取得する
05      # (3)取得した属性に対応する記号をELEMENT_COLORSから取得する
06
07      # モンスター名を表示する
08      print(f'\033[{color}m{symbol}{monster_name}{symbol}\033[0m ',
            end='')
```

　print_monster_name関数が完成したら、画面イメージ（図B-10）のように動作するかを確認しましょう。

表B-8 課題3で作成するコンテナ

コンテナ名	新旧	種類	機能
ELEMENT_SYMBOLS	新規	ディクショナリ	属性と記号の対応を管理する。
ELEMENT_COLORS	新規	ディクショナリ	属性と色コードの対応を管理する。

ここまでできたら、基本的な文法力は身に付いている証拠だよ！　2人とも自信を持っていいからね！

はい！！

B.6 課題4 味方パーティの実装

B.6.1 課題4のゴール

課題3では敵モンスターの情報を作成しましたが、課題4では、味方モンスターの情報を作っていきます。

課題4のゴール

(1) 4匹の味方モンスターとパーティを編成してダンジョンに挑む。
(2) ダンジョン到着時にパーティ情報を表示する。
(3) 味方モンスターの名前にも属性を表す記号と色を表示する。
(4) バトル終了時にパーティのHPによるゲーム続行の判定を行う。

```
プレイヤー名を入力してください＞ 松田
*** Puzzle & Monsters ***
松田のパーティ(HP=600)はダンジョンに到着した
＜パーティ編成＞----------------
@青龍@ HP= 150 攻撃= 15 防御= 10
$朱雀$ HP= 150 攻撃= 25 防御= 10
#白虎# HP= 150 攻撃= 20 防御=  5
~玄武~ HP= 150 攻撃= 20 防御= 15
--------------------------------

~スライム~が現れた！
~スライム~を倒した！
松田はさらに奥へと進んだ
==============================
#ゴブリン#が現れた！
#ゴブリン#を倒した！
松田はさらに奥へと進んだ
==============================
```

```
@オオコウモリ@が現れた！
@オオコウモリ@を倒した！
松田はさらに奥へと進んだ
==============================
@ウェアウルフ@が現れた！
@ウェアウルフ@を倒した！
松田はさらに奥へと進んだ
==============================
$ドラゴン$が現れた！
$ドラゴン$を倒した！
松田はさらに奥へと進んだ
==============================
松田はダンジョンを制覇した
*** GAME CLEARED!! ***
倒したモンスター数=5
```

図B-14 課題4の完成画面イメージ

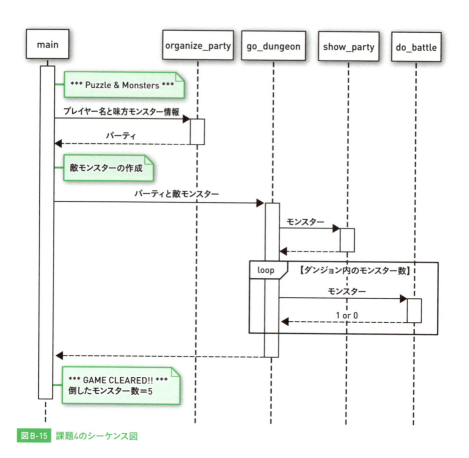

図B-15 課題4のシーケンス図

さて、この課題の内容に入る前に言っておくことがあるんだ。ここから先は、あえて大雑把な解説をするよ。

えっ、困りますよ！ そんな意地悪しないでください！

いや、意地悪しようとしてるわけじゃないんだ。ゲーム完成までには、キミたちが乗り越えなければならない壁がまだたくさんある。その壁を突破する力を養うために必要なのさ。

ある程度の規模と複雑さのあるプログラムを開発するには、仕様や画面イメージ、シーケンス図などの設計図からその意図をとらえてプログラミングする力が必要です。これまでの課題に取り組んできた私たちのその能力は、確実に養われています。ここからは、その力をさらに向上させるために、必要最小限の解説に留めます。これまで以上に深く悩んでしまう場面もあるかもしれませんが、参考書やインターネットを調査したり、積極的に試行錯誤したりすることで、きっとゴールが見えてくるはずです。

スラスラ進む必要はないんだ。むしろ、たくさんのエラーと格闘しながら取り組むことがキミたちをさらに成長させるんだよ。

なるほど…。ここからが踏ん張りどころなんですね。不安だけど、自分の力を信じてやってみます！

B.6.2　味方モンスターの作成

まずは、この課題で作成する関数を見てみましょう。

表B-9　課題4で作成する関数

関数名	新旧	引数	戻り値	課題4での機能
main	変更	なし	なし	ゲーム開始から終了までの全体の流れに責任を持つ。味方モンスター情報を作成する。
organize_party	新規	プレイヤー名、味方モンスター	パーティ	引数で渡された味方モンスターでパーティを編成して返す。
go_dungeon	変更	パーティ、敵モンスター	倒した敵モンスターの数	ダンジョン開始から終了までの流れに責任を持つ。バトル終了時にゲーム続行判定を行う。
show_party	新規	パーティ	なし	パーティ情報を一覧表示する。

　パーティは、4匹の味方モンスターで編成します。課題3の敵モンスターと同様に、まずはディクショナリで味方モンスターを作成し、リストで一括管理するようにmain関数を変更しましょう（次ページの図B-16）。

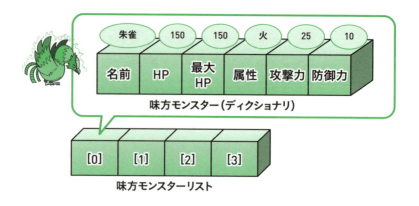

friends = [味方モンスター1, 味方モンスター2, …]

図B-16 味方モンスターもリストで管理する

B.6.3 organize_party関数の作成

　味方モンスターが作成できたら、パーティを編成するorganize_party関数を定義します。B.2.3項から、パーティは次の情報を持ちます。

パーティのパラメータ

- プレイヤー名
- 味方モンスター（4匹分）
- HP（初期値は最大HPと同じ、攻撃を受けると減少）
- 最大HP（味方モンスターのHPの合計値）
- 防御力（味方モンスターの防御力の平均値）

HPの初期値を最大HPにするなら、最大HPはパラメータに持たなくてもいいんじゃないですか？

このゲームの場合、バトル終了時にHPは回復しないから（B.2.6 項の3）、そう考える気持ちはわかるよ。でも、実は命属性の宝石を並べるとHPを回復できるんだ（同項の9）。だから、回復の上限値として最大HPを持っておく必要があるんだよ。

organize_party関数はパーティ編成に責任を持つ関数なので、これらの情報をひとまとめにしたディクショナリ（図B-17）を戻り値として返します。

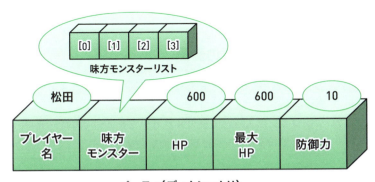

図B-17　パーティの構造

次に示す流れを参考に、organize_party関数を作成しましょう。

コードB-9　organize_party関数の概観

```
01  def organize_party(player_name, friends):
02      """
03      引数
04          player_name: プレイヤー名
05          friends: 味方モンスターをディクショナリで管理したリスト
06      """
07      # (1)味方モンスターのHPの合計と防御力の平均を求める
08      # (2)ディクショナリにパーティの情報をまとめる
09      # (3)ディクショナリを戻り値に指定する
```

organize_party関数を作成できたら、シーケンス図を参考に、main関数から呼び出します。戻り値として受け取ったパーティを画面に表示し、パーティの内容が正しいかを確認しましょう。

B.6.4　go_dungeon関数にパーティを渡す

課題3まではダンジョンに入るのはプレイヤーのみでしたが、課題4からはパーティとしてダンジョンに入ります。そのため、次の点を変更する必要があります。

go_dungeon関数の変更

（1）go_dungeon関数は、プレイヤー名ではなくパーティを引数で受け取る。
（2）ダンジョンに入った直後のメッセージを「○○のパーティ(HP=XXX)はダンジョンに到着した」に変更する。

main関数の変更

go_dungeon関数に、プレイヤー名ではなくパーティを渡す。

B.6.5　show_party関数の作成

go_dungeon関数では、ダンジョンに到着後、味方モンスターの情報を表示します（図B-14）。味方モンスターの表示処理は、今後、汎用的に利用するので、show_partyという関数にしておきましょう。

この関数は、パーティを引数で受け取り、パーティの味方モンスターを取り出して次のような書式で出力します。

```
@青龍@ HP= 150 攻撃= 15 防御= 10
$朱雀$ HP= 150 攻撃= 25 防御= 10
#白虎# HP= 150 攻撃= 20 防御=  5
~玄武~ HP= 150 攻撃= 20 防御= 15
```

味方モンスターは敵モンスターと同様に、属性を表す記号と色を設定して表示します。これは次の手順で行うとよいでしょう。

show_party関数の処理の流れ

（1）引数で受け取ったパーティから味方モンスターのリストを取得する。
（2）味方モンスターのリストから味方モンスターを順に取り出し、次の①〜③を繰り返す。
　①味方モンスターから、名前・HP・攻撃力・防御力を取り出す。
　② print_monster_name関数を利用してモンスター名を表示する。
　③続けて、HP・攻撃力・防御力を表示する。

show_party関数ができたらgo_dungeon関数から呼び出し、画面イメージ（図B-14）のような結果になるか確認してください。

B.6.6　バトル終了時の判定を追加

ここまでできたら、課題4のクリアはもう目の前だ。あとはgo_dungeon関数に簡単な機能を1つだけ追加しよう。

敵モンスターとのバトルが終了したら、次のバトルを行うかを判定します。現在はgo_dungeon関数から繰り返しdo_battle関数を呼び出していますが、繰り返し処理の最後に、次の処理を追加してこれを実現します。

バトル終了時の続行判定

(1) バトル終了後のパーティのHPを取得する。
(2) パーティのHPに応じて以下を行う。
　・味方パーティのHPが0以下なら、
　　「○○はダンジョンから逃げ出した」と出力して繰り返しを
　　終了する。
　・パーティのHPが0より大きければ、
　　「○○はさらに奥へと進んだ」と出力する。

あっ、今はバトルに必ず勝つようになってるから、逃げ出すパターンが確認できないぞ。どうしよう？

　課題2で作成したdo_battle関数ではバトルに必ず勝利してしまいますから、HPが0以下になったケースの動作を確認できません。そこで、初回のスライムとのバトル終了後に強制的にHPを0にして、次のような結果になるかを確認しましょう。

```
（省略）
~スライム~が現れた！
~スライム~を倒した！
松田はダンジョンから逃げ出した
*** GAME OVER!! ***
倒したモンスター数=1
```

逃げ出す動作が確認できたら、HPを0にする処理を忘れずに消しておこう。

B.7 課題5 バトルの基本的な流れの開発

課題5も、必要最小限のポイントに絞って解説するよ。

B.7.1 課題5のゴール

課題5では、いよいよバトル処理の開発に着手します。

課題5のゴール

(1) バトルは、味方と敵が交互に攻撃を繰り出す。
(2) 味方の攻撃は、入力した文字列に応じてダメージを決定する。したがって宝石はまだ登場しなくてよい。
(3) 敵のターンでは、パーティは常に固定で200のダメージを受ける。

```
プレイヤー名を入力してください> 松田
*** Puzzle & Monsters ***
松田のパーティ(HP=600)はダンジョンに到着した
＜パーティ編成＞----------------
@青龍@ HP= 150 攻撃= 15 防御= 10
$朱雀$ HP= 150 攻撃= 25 防御= 10
#白虎# HP= 150 攻撃= 20 防御=  5
~玄武~ HP= 150 攻撃= 20 防御= 15
--------------------------------

~スライム~が現れた！

【松田のターン】(HP=600)
コマンド? >A
41のダメージを与えた

【~スライム~のターン】(HP=59)
200のダメージを受けた

【松田のターン】(HP=400)
コマンド? >A
39のダメージを与えた
```

```
【~スライム~のターン】(HP=20)
200のダメージを受けた

【松田のターン】(HP=200)
コマンド? >A
38のダメージを与えた

~スライム~を倒した！
松田はさらに奥へと進んだ
================================
#ゴブリン#が現れた！

【松田のターン】(HP=200)
コマンド? >B
14のダメージを与えた

【#ゴブリン#のターン】(HP=186)
200のダメージを受けた
パーティのHPが0になった
松田はダンジョンから逃げ出した
*** GAME OVER!! ***
倒したモンスター数=1
```

図 B-18 課題5の完成画面イメージ

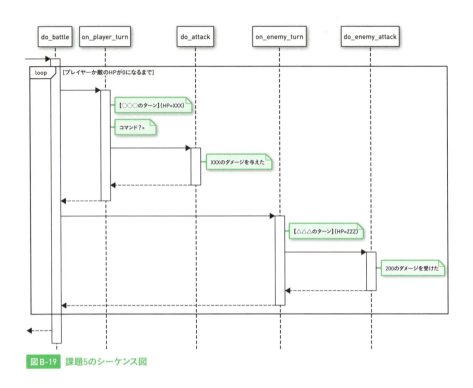

図 B-19 課題5のシーケンス図

B.7.2 ターン管理関数の作成

課題5で作成する関数を次の表B-10で確認しましょう。なお、この課題では戻り値はあえて記載していません。考えながら取り組んでみてください。

表 B-10 課題5で作成する関数

関数名	新旧	引数	課題5での機能
on_player_turn	新規	パーティ、敵モンスター	プレイヤーのターンの流れに責任を持つ。
on_enemy_turn	新規	パーティ、敵モンスター	敵のターンの流れに責任を持つ。
do_battle	変更	パーティ、敵モンスター	1回のバトル開始から終了までの流れに責任を持つ。ターンを管理する2つの関数を呼び出してバトルを行う。
do_attack	新規	敵モンスター、コマンド	プレイヤーによる攻撃のダメージを計算する。
do_enemy_attack	新規	パーティ	敵による攻撃のダメージを計算する。

まずは、プレイヤーの攻撃ターンを管理する on_player_turn 関数を作成します。前項の内容から、この関数に必要となる処理を読み取ってみてください。

on_player_turn 関数の処理

(1) 「【○○○のターン】(HP=XXX)」を表示する。
(2) コマンド入力を受け付け、ダメージ値を決定する（ここでは固定で50とする）。
(3) 敵モンスターのHPからダメージ分の値を減らす。

全部をひと息に作ろうとすると大変だよ。この段階では、コマンド入力は受け付けるもののその値は利用せず、固定で50のダメージを与えるようにしよう。

ここでのポイントは、敵のHPを減らす方法です。on_player_turn 関数は do_battle 関数から呼ばれるので、減らしたHPを戻り値で返せばよいと考えてしまいそうですが、6.3.3項で紹介した「参照による副作用」を利用すると効率よくコーディングできます。

ここまでの機能を実装した on_player_turn 関数を作成できたら、同様に on_enemy_turn 関数も作成しましょう。

B.7.3　do_battle 関数からの呼び出し

前項で作成した on_player_turn 関数と on_enemy_turn 関数を、do_battle 関数から呼び出します。動作確認では次の点に注意を払ってください。

ターン管理関数の動作確認ポイント

(1) 攻撃はパーティ、敵モンスターの順で行われる。
(2) どちらかのHPが0になるまでお互いに攻撃を繰り返す。

> (3) パーティのHPが先に0になった場合、ゲームオーバーのメッセージが表示される。

　現時点では攻撃のダメージ値が固定のため、次のように、ゴブリンの2回目の攻撃によってパーティのHPが0になり、ゲームオーバーになるはずです。

```
（省略）
#ゴブリン#が現れた！

【松田のターン】(HP=400)
コマンド?> A


【#ゴブリン#のターン】(HP=150)


【松田のターン】(HP=200)
コマンド?> A


【#ゴブリン#のターン】(HP=100)
パーティのHPは0になった
松田はダンジョンから逃げ出した
*** GAME OVER!! ***
倒したモンスター数=1
```

　ゲームオーバーの動作に問題がなければ、今度はパーティが与えるダメージを500などの大きな値にし、反対に敵が与えるダメージを小さい値にして試してみましょう。最後の敵であるドラゴンを倒してゲームクリアとなれば、ここまでの目的は達成しています。

> まだまだ細かいところは作り込んでないけど、ラスボスを倒したメッセージが出るとうれしいわね！

B.7.4 ダメージ計算関数の作成

本来、ダメージは固定値ではなく宝石の操作による複雑な計算が必要になります。そこで、on_player_turn関数からダメージ計算とHPを減らす処理を切り離してdo_attack関数を作ります。

宝石の操作によるダメージ計算はまだ開発していないため、ここでは、パーティが敵モンスターに与えるダメージを次のように決定します。

簡易ダメージ計算

・組み込み関数のhash関数を用いて、入力された文字列を整数値に変換し、その値を50で割った余りを基準ダメージとする。
・敵に与えるダメージは、基準ダメージ±10%とする。求めたダメージが小数なら、小数部分を切り捨てて整数に変換する。

ある範囲で小数の乱数を得るには、randomモジュールのuniform関数を使います。次のコードを参考にしてください。

コードB-10 ランダムな小数の取得

```
01  import random
02  print(random.uniform(-3, 3))
```
-3から3の範囲

簡易的なダメージ計算処理が完成したら、図B-18の画面イメージを参考に、ダメージに関するメッセージも表示するようにします。2つのattack関数は、それぞれのturn関数から呼び出してください。

main関数を実行すると、入力コマンドの内容に応じてダメージが動的に変化し、RPGのバトルらしくなってきたと感じるのではないでしょうか。依然として相手からのダメージは200の固定値になっているため、大抵はスライムかゴブリンでゲームオーバーになりますが、敵モンスターからのダメージを適当な値に調整すればドラゴンを倒すことができるでしょう。

B.7.5 旅を続けよう

> 2人ともどうかな？ できたかな？

> めちゃくちゃ大変で、第1章から何度も見直しましたけど、なんとか食らいつきましたよ。

> もうダメかと思うこともあったけど、ここまで来たら「つらい」よりも「楽しい」です！ やっぱり動くものを作るのは面白いですね！

　さて、ここまでが登山でいえば5合目です。ここからはいよいよこのゲームの核となる宝石に関する処理を作っていくのですが、以降の課題は本書に掲載していません。

> ええ！ なんでですか!? ここからがPuzmonのメインディッシュじゃないですか！

> うーん、いちばんの理由は難易度が急激に高くなることかな。

　松田くんの言うとおり、宝石関連の処理はこのゲームの肝であり非常に解きごたえのある内容です。だからこそ、難易度がこれまでとは段違いに跳ね上がります。ここまで取り組んできた課題と同じ感覚で手を出すと、挫折してしまう可能性すらあるのです。

> えっ…、そんなに…？

　そこで、この先はもう少しプログラミング力を養った上で挑戦してほしい

という想いから、続きは本シリーズのWebサイト、sukkiri.jp（p.5）に譲ることにしました。もちろん、ここまで一緒に取り組んできたみなさんは、今すぐにでもアクセス可能です。

なるほど、環境は整ってる。いつ挑戦するかは僕たち次第というわけですね。

じゃあ、いつなら挑戦しても大丈夫なのかしら？

　険しい山道をここまで登ってきた私たちは、すでに入門者を卒業しつつあります。さらに先へ進むには、**基本文法であれば息をするようにPythonを扱える**と胸を張って宣言できるくらいが目安となるでしょう。

「息をするように」と言われると、ちょっと自信ありません…。

とはいえ、1つ言わせてほしい。少し前までプログラミング初心者だったキミたちが、途中とはいえここまで辿り着いたのはすごいことなんだよ。何ものにも代え難い努力の成果だ。遠くない将来、キミたちは絶対にPuzmonを完成させることができるよ！　僕が保証する！

ありがとうございます！　私はこの本を総復習した後にチャレンジしてみます！

僕は、もう一度ここまでの課題を解き直してみます！

　みなさんも準備が整ったら、ぜひ挑戦してみてください。プログラミングの醍醐味を存分に味わって、松田くんと浅木さんとともに山頂からの眺めを楽しみましょう。

column 絵文字によるカラー表現の代用

　課題3で登場したディスプレイ制御シーケンスは、dokopyをはじめとする一部の環境では機能しません。その場合は、カラー表示に関する機能は実装しなくてもかまいません。

　ディスプレイ制御シーケンスの代用として、環境によっては、文字列リテラルの一部にUnicodeの絵文字を利用できます。`print("🔥")` を実行してみて、もし画面に🔥が表示されるなら、絵文字を使うのもよいでしょう。

　なお、絵文字は「ひ」「ほのお」などの文字入力で変換する方法や、一覧（Windowsでは ⊞ ＋ . キー、macOSでは Ctrl ＋ Command ＋ Space キー）から選択する方法があります。

付録C
練習問題の解答

chapter 1 | 変数とデータ型

練習1-1

(1) `2 + 10 * 5` → `2 + 50` → 52
(2) `'7' * (3 + 4)` → `'7' * 7` → '7777777'
(3) `f'version {3 + 2 * 0.1 + 9 * 0.01}'`
　→ `f'version {3 + 0.2 + 9 * 0.01}'`
　→ `f'version {3 + 0.2 + 0.09}'`
　→ `f'version {3.2 + 0.09}'`
　→ `f'version {3.29}'` → 'version 3.29'
(4) `4 * 'num' + '回目のTypeError'`
　→ `'numnumnumnum' + '回目のTypeError'`
　→ 'numnumnumnum回目のTypeError'

練習1-2

(1) int型
(2) エラー（int型の変数numにstr型の'5'を加算しようとするため）
(3) str型（「global」は予約語だが「GLOBAL」は予約語でないため、エラーにならない）
(4) float型（9 / 3は小数3.0に評価されるため）

練習1-3

```
01  h = int(input('身長（cm）は？ >>')) / 100
02  w = float(input('体重（kg）は？ >>'))
03  bmi = w / h / h
04  print(f'BMIは{bmi}です')
```

（別解）アンパック代入を用いた例

```
01  h, w = int(input('身長（cm）は？ >>')) / 100, \
```

```
02        float(input('体重(kg)は? >>'))
03  print(f'BMIは{ w / h ** 2 }です')
```

※ 1行目の最後の\（バックスラッシュ）は、1行目のコードを途中で折り返していることを示す（p.122）。

chapter 2 | コンテナ

練習2-1

(1) ディクショナリ　　(2) リスト　　(3) セット
(4) セット　　(5) ディクショナリ（座席番号をキーとする）

練習2-2

```
01  scores = []
02  scores.append(int(input('国語の点数 >>')))
03  scores.append(int(input('算数の点数 >>')))
04  scores.append(int(input('理科の点数 >>')))
05  scores.append(int(input('社会の点数 >>')))
06  scores.append(int(input('英語の点数 >>')))
07  print(f'合計{sum(scores)}点 平均{sum(scores) / len(scores)}点')
```

練習2-3

```
01  player1 = {'読書', '昼寝', '映画鑑賞', '散歩', '料理'}
02  player2 = {'テニス', '将棋', '料理', '読書', '旅行'}
03  input('心の準備ができたらEnterキーを押してください')
04  common = player1 & player2
05  total = player1 | player2
06  compatibility_rate = len(common) / len(total) * 100
07  print(f'相性度は{compatibility_rate}パーセントでした')
```

※ 1行目と2行目でセットに格納した趣味は一例。

chapter 3 | 条件分岐

練習3-1

(1) 変数priceの値に1.1を掛けた値は300000以下か
(2) ×（=記号1つは代入演算子を意味する。等しいかどうかを判定するには、比較演算子の==を使う）
(3) 変数kansaiに「gihu」は含まれるか
(4) 変数aとbの合計が60よりも大きく、かつ変数dayの値は3と等しいか
(5) Falseかどうか（条件式はbool型に評価されるので、Falseそのものを記述できる。この条件式は常にelseブロックのみを実行する）

練習3-2

(1) `initial == 'K'`
(2) `point >= 80 and point < 256` 　（別解）`80 <= point < 256`
(3) `bmi < 20 or bmi > 25`
(4) `year % 4 == 0`
(5) `not (day in [28, 30, 31])`

練習3-3

(1)
```
01  isError = False
02  n = 99
03  if isError == False and n < 100:
04      print('正解です')
```

(2)
```
01  number = int(input('数値を入力してください >>'))
02  if number % 2 == 0:
03      print('偶数です')
04  else:
```

```
05      print('奇数です')
```

(3)
```
01  greeting = input('挨拶をどうぞ >>')
02  if greeting == 'こんにちは':
03      print('ようこそ！')
04  elif greeting == '景気は？':
05      print('ぼちぼちです')
06  elif greeting == 'さようなら':
07      print('お元気で！')
08  else:
09      print('どうしました？')
```

---

column

三項条件演算子

練習3-3 (2) の解答2〜5行目は、**三項条件演算子**または**三項演算子**という構文を用いると、次のように簡潔に表現できます。

```
02  div = '偶数' if number % 2 == 0 else '奇数'
03  print(f'{div}です')
```

三項条件演算子

　　値X if 条件式 else 値Y

※ 条件式が成立すれば値Xに、そうでなければ値Yに全体が「化ける」。

練習3-4

ブロック①：入力値が1（または3、5、7、8、10、12）の場合に実行される。

> **実行結果（1を入力した場合）**
> 今は何月ですか？（数字を入力）>>1
> 31日までありますね
> 1か月が過ぎました

ブロック②：入力値が4（または6、9、11）の場合に実行される。

> **実行結果（4を入力した場合）**
> 今は何月ですか？（数字を入力）>>4
> 30日までありますね
> 年が明けてから
> 4か月が過ぎました

ブロック③：入力値が2の場合に実行される。

> **実行結果（2を入力した場合）**
> 今は何月ですか？（数字を入力）>>2
> 1年で一番寒い月ですね
> 年が明けてから
> 2か月が過ぎました

chapter 4　繰り返し

練習4-1

（7）以外は5回。（7）は4回。（7）は5つの数値を順に調べ、100以上ならbreak文によって繰り返しが終了する。4番目の数値160と比較した時点で条件式がTrueと判定されて繰り返しは終了するため、繰り返しの回数は4回である。（8）も同

様に5つの数値を順に調べ、100以上ならcontinue文によってその回のみスキップしてループを継続する。4番目の数値160と比較した時点で条件式がTrueと判定されるが、5番目の数値57に対しても判定が行われるため、繰り返しの回数は5回である。

練習4-2

```
01  count = 1
02  ans = True
03  print('カレーを召し上がれ')
04  while ans == True:
05      print(f'{count}皿のカレーを食べました')
06      key = input('おかわりはいかがですか？（y/n）>>')
07      if key == 'y':
08          count += 1
09      else:
10          ans = False
11  print('ごちそうさまでした')
```

練習4-3

```
01  for n in range(10):
02      print(f'{10 - n}、', end='')
03  print('Lift off！')
```

練習4-4

(1)
```
01  for i in range(9):
02      for j in range(9):
03          print(f'{i+1}×{j+1}＝{(i+1)*(j+1)}')
```

(2)
```
01  for i in range(9):
02      if (i+1) % 2 == 0:
03          continue
04      for j in range(9):
05          print(f'{i+1}×{j+1}={(i+1)*(j+1)}')
```

(3)
```
01  for i in range(9):
02      if (i+1) % 2 == 0:
03          continue
04      for j in range(9):
05          if (i+1)*(j+1) > 50:
06              break
07          print(f'{i+1}×{j+1}={(i+1)*(j+1)}')
```

練習4-5

(1)
```
01  temp = list()
02  for n in range(10):
03      data = float(input(f'{n+1}個目のデータを入力 >>'))
04      temp.append(data)
```

(2)
```
01  for count in range(len(temp)):
02      print(f'{count+8}時　{temp[count]}度')
```

※ リストtempへのデータ登録を前提とする。

(3)
```
01  temp_new = list()
02  for count in range(len(temp)):
```

```
03     if count == 5:
04         temp_new.append('N/A')
05     else:
06         temp_new.append(temp[count])
07 print(temp)
08 print(temp_new)
```

※ リストtempへのデータ登録を前提とする。

(4)
```
01 total = 0
02 for data in temp_new:
03     if isinstance(data, float):
04         total = total + data
05 print(total / (len(temp_new) - 1))
```

※ リストtemp_newへのデータ登録を前提とする。

練習4-6

(1)
```
01 numbers = [1, 1]
02 data = sum(numbers)          最初に追加する値を算出
03 count = 2
04 while data <= 1000:
05     numbers.append(data)
06     data = data + numbers[count-1]   次に追加する値は、今追加した
                                        値と1つ前の値との合計
07     count += 1
08 print(numbers)
```

(2)
```
01 ratios = list()
02 for count in range(len(numbers)):       最後の要素には次の要素
03     if count == len(numbers) - 1:       がないので終了
```

```
04          break
05      ratios.append(numbers[count+1] / numbers[count])
06  print(ratios)
```

※ (1) の処理を前提とする。

(3)
```
01  for count in range(len(ratios)):
02      ratios[count] = int(ratios[count] * 1000) / 1000
03  print(ratios)
```

※ (2) の処理を前提とする。

chapter 5 | 関数

練習5-1

項番	定義	戻り値の型
(1)	`def weather():`	なし
(2)	`def calc_circle_area(dia):`	float 型
(3)	`def nowstr():`	str 型
(4)	`def nowint():`	リストまたはタプルまたはディクショナリ
(5)	`def is_leapyear(y):`	bool 型

※ 仮引数の名称は一例。

練習5-2

```
01  def is_leapyear(y):
02      return (y % 400 == 0 or (y % 4 == 0 and y % 100 != 0))
03
04  current_year = int(input('現在の西暦を入力してください >>'))
05  if is_leapyear(current_year):
06      print(f'西暦{current_year}年は、うるう年です')
07  else:
```

404

```
08        print(f'西暦{current_year}年は、うるう年ではありません')
```

練習5-3

4行目と5行目の間に次の1行を挿入する。

```
    walk()
```

※ walk 関数は追加した行よりも後ろで定義されているが、実際に動くのは9行目で呼び出されたときなので、問題なく動作する。

練習5-4

(1) ×：仮引数 eigo にはデフォルト引数が指定されているため、算数・国語・理科・社会の4教科の点数だけを指定して呼び出せる。

(2) ○

(3) ×：仮引数 others には要素数1のタプル (80,) が渡される。

(4) ○

(5) ○

練習5-5

```
01  def int_input(msg):
02      return int(input(f'{msg}を入力してください >>'))
03  def calc_payment(amount, people=2):
04      dnum = amount / people     # 総額を人数で割る（端数も保持）
05      pay = dnum // 100 * 100    # 100円未満を切り捨てる
06      if dnum > pay:             # 元の値と比較して、
07          pay = pay + 100        # 小さければ100円未満があったので上乗せ
08      payorg = amount - pay * (people - 1)
09      return [int(pay), int(payorg)]
10  def show_payment(pay, payorg, people=2):
11      print('*** 支払額 ***')
12      print(f'1人あたり{pay}円({people}人)、幹事は{payorg}円です')
```

```
13
14  # 計算データの入力
15  amount = int_input('支払総額')
16  people = int_input('参加人数')
17  # 割り勘の計算
18  [pay, payorg] = calc_payment(amount, people)
19  # 結果の表示
20  show_payment(pay, payorg, people)
```

chapter 6 オブジェクト

練習6-1

a：str型（不変）　　b：list型（可変）　　c：MyClass型（可変）

練習6-2

実行結果
```
True
False
XYZ
```

練習6-3

　可変オブジェクトであるディクショナリをwelcome関数の引数に渡しているため、参照の引き渡しによる独立性の崩壊が発生する。具体的には、3行目で行っているディクショナリの変更による影響が呼び出し元の変数userにも及び、7行目で入力した年齢が書き換えられてしまう。この影響を回避するためには、9行目の `welcome(user)` を次の2行に置き換えて防御的コピーを活用する。

```
copied_user = user.copy()
welcome(copied_user)
```

chapter 7 モジュール

練習7-1

(1) ×：組み込み関数はimport文を記述しなくてもいつでも呼び出せる。
(2) ○
(3) ×：特定の変数や関数、クラスだけを取り込んで利用することができる。
(4) ○
(5) ×：外部ライブラリは高度な機能を提供するため、それ相応の学習が必要である。

練習7-2

(1) `A.func()`　　(2) `B.func()`

練習7-3

```
from A import func
```
または
```
from A import *
```

練習7-4

(1)
```
01  nums = list()
02  for n in range(3):
03      data = int(input(f'{n + 1}個目の整数を入力してください >>'))
04      nums.append(data)
05  print(max(nums))
```

(2)
```
01  pi = 3.141519
02  print(round(pi))
```

```
03  for n in range(4):
04      print(round(pi, n + 1))
```

練習7-5

```
01  file_r = open('sample.txt', 'r')
02  file_w = open('copy.txt', 'w')
03  for line in file_r:
04      file_w.write(line)
05  file_r.close()
06  file_w.close()
```

読み込んだファイルを1行ずつ新しいファイルに書き込む

練習7-6

```
01  # randomモジュールのrandint関数を取り込む
02  from random import randint
03  print('数当てゲームを始めます。3桁の数を当ててください！')
04
05  # 正解を作成
06  answer = list()
07  for n in range(3):
08      answer.append(randint(0, 9))
09
10  is_continue = True
11  while is_continue == True:
12      # 予想の入力
13      prediction = list()
14      for n in range(3):
15          data = int(input(f'{n + 1}桁目の予想入力（0〜9）>>'))
16          prediction.append(data)
17
18      # 答え合わせ
```

```
19      hit = 0
20      blow = 0
21      for n in range(3):
22          if prediction[n] == answer[n]:
23              hit += 1
24          else:
25              for m in range(3):
26                  if prediction[n] == answer[m]:
27                      blow += 1
28                      break
29
30      # 結果発表
31      print(f'{hit}ヒット！{blow}ボール！')
32      if hit == 3:
33          print('正解です！')
34          is_continue = False
35      else:
36          if int(input('続けますか？ 1：続ける 2：終了 >>')) == 2:
37              print(f'正解は{answer[0]}{answer[1]}{answer[2]}でした')
38              is_continue = False
```

※ 2行目を `import random` とした場合は、8行目の関数の呼び出しを `random.randint` とする。

INDEX
索引

記号・数字

_（アンダースコア）	53
-（算術演算子）	35
-（集合演算子）	114
-=（複合代入演算子）	60
,（カンマ）	56
;（セミコロン）	122
!=（比較演算子）	130
()（丸カッコ）	47, 102
[]（角カッコ）	83
{}（波カッコ）	94
*（算術演算子）	35, 37
**（算術演算子）	35
**kwargs（可変長引数）	218
*=（複合代入演算子）	60
*args（可変長引数）	218
/（算術演算子）	35
//（算術演算子）	35
/=（複合代入演算子）	60
\（バックスラッシュ）	39, 122
¥（円記号）	40
&（集合演算子）	114
%（算術演算子）	35
^（集合演算子）	114
+（算術演算子）	35, 37
+=（複合代入演算子）	60
<（比較演算子）	130
<=（比較演算子）	130
=（代入演算子）	51
==（比較演算子）	130
>（比較演算子）	130
>=（比較演算子）	130
|（集合演算子）	114
2次元リスト	111

アルファベット

abs 関数	263
AI	127
and	137
append 関数	88, 230
AttributeError	335
bool 型	64
bool 関数	68
break 文	172
capitalize メソッド	234
ceil 関数	272
ChatGPT	309
client モジュール	281
continue 文	173
count メソッド	234
csv モジュール	271
CUI	302
datetime モジュール	271
dateutil	286
def 文	222
del 文	97
dict 関数	263
dict クラス	237
dokopy	4, 16
elif ブロック	144
else ブロック	126
email モジュール	271
except ブロック	340
Exception	22
f-string	75
FALSE	135
float 型	64
float 関数	68, 263
float クラス	237
floor 関数	272
format 関数	73, 230

項目	ページ
forブロック	166
for文	165
function型	235
get関数	291
global文	221
GUI	302
HTTPConnection関数	281
httpパッケージ	280
IDE	23
identity	242
id関数	242
if-elif構文	144
if-else構文	140
ifのみの構文	141
ifブロック	126
if文	125
if文のネスト	146
ImportError	335
import文	272
IndentationError	129, 331
IndexError	85, 332
input関数	61, 263
int型	64
int関数	68, 263
intクラス	237
in演算子	132
IoT	306
isinstance関数	173
jsonモジュール	271
JupyterLab	24
KeyboardInterrupt	336
KeyError	333
len関数	87, 263
list関数	108, 263
listクラス	237
log関数	275
lowerメソッド	234
mathモジュール	271
matplotlib	286, 287
max関数	263
MicroPython	308
min関数	263
ModuleNotFoundError	335
NameError	327
None	207
not（論理演算子）	137
NumPy	286
open関数	263, 266
or（論理演算子）	137
osモジュール	271
Pandas	286
pass	143
PEP8	55, 129
print関数	17, 263
PyCharm	24
Pygame	286
pyplotモジュール	288
Python	14
Pythonインタプリタ	22
pyYAML	286
randint関数	295
randomモジュール	271, 295
range関数	168
Raspberry Pi	306
remove関数	89
replaceメソッド	234
requests	286, 290
return文	204
round関数	263
R言語	312
scikit-learn	286
SciPy	286
self	239
set関数	108
setクラス	237
simplejson	286
splitメソッド	234
SQL	300
SQLite	301
sqlite3	301
str型	64
stripメソッド	234
str関数	68, 263
strクラス	237
sukkiri.jp	5
sum関数	86, 263
SymPy	286
SyntaxError	22

411

TensorFlow	286
title メソッド	234
tkinter	302
TRUE	135
try-except 文	340
try ブロック	340
tuple 関数	108, 263
TypeError	63, 327
type 関数	66, 263
UI	302
UnboundLocalError	334
upper メソッド	234
ValueError	340
WebAPI	291
Web アプリケーション	304
Web フレームワーク	304
while ブロック	157
while 文	157
with ブロック	267
with 文	267
write メソッド	266
ZeroDivisionError	331, 341

あ行

アッパーキャメルケース	55
余り	35
アンダースコア	53
アンパック代入	56, 211
暗黙の型変換	70
暗黙のタプル	210
イコール	50
入れ子	111
インデックス	82
インデント	128, 324
引用符	37, 323
ウィンドウアプリケーション	302
エスケープシーケンス	39
エディタ	23
エラー	22
エラーメッセージ	318, 323
円記号	40
エンコード	268
演算子	35
オブジェクト	232

―生成	237
―のコピー	245
オブジェクト指向プログラミング	240, 313
オペランド	45

か行

改行	39
外部ライブラリ	285
カウンタ変数	157
書き込み（モード）	266
角カッコ	83
掛け算	35
加算	35
型	64
可変オブジェクト	253
可変長引数	216, 218
仮引数	199
関係演算子	130
関数	17, 189
―の定義	192, 201, 204
―の呼び出し	193, 201
破壊的な―	257
関数オブジェクト	235
関数型プログラミング	313
関数ブロック	192
関数呼び出し演算子	205
カンマ	56
キー	93
キーボード入力	61
機械学習	310
組み込み関数	263
クラス	236
―の定義	239
繰り返し	121, 155
グローバル変数	220
減算	35
構造化定理	121
構文エラー	22
コメント	25
コレクション	81
コロン	95
コンテナ	81
空の―	139
―のネスト	109

―の変換関数 ……………… 108, 238

さ行

差集合 ……………………………… 114
算術演算子 …………………………… 35
参照 …………………………… 49, 244
シーケンス ………………………… 103
シーケンス図 ……………………… 349
式 ……………………………………… 44
識別子 ………………………………… 52
　　―の命名規則 ………………… 55
辞書 ………………………………… 107
実行時エラー ………………… 22, 327
実行仕様 …………………………… 350
実引数 ……………………………… 199
車輪の再発明 ……………………… 270
集合 ………………………………… 107
集合演算 …………………………… 112
順次 ………………………………… 121
商 ……………………………………… 35
条件式 ……………………………… 125
乗算 …………………………………… 35
小数 …………………………………… 64
除算 …………………………………… 35
真偽値 ………………………… 64, 135
シングルクォーテーション … 26, 36
数値リテラル ………………………… 36
スタックトレース ………………… 320
ストリーム ………………………… 268
スネークケース ……………………… 55
スライス ……………………………… 90
制御構造 …………………………… 121
整数 …………………………………… 64
積集合 ……………………………… 114
セット ……………………………… 105
　　―の定義 …………………… 106
セミコロン ………………………… 122
添え字 ………………………………… 82
ソースコード ………………………… 21
ソースファイル ……………………… 21
属性 ………………………………… 240

た行

対称差 ……………………………… 114

代入 …………………………………… 49
代入演算子 …………………………… 51
足し算 ………………………………… 35
タブ文字 …………………………… 129
タプル ……………………………… 101
　　―の定義 …………………… 101
ダブルクォーテーション …………… 36
チェインケース ……………………… 55
チャットボット …………………… 127
追記（モード） …………………… 266
ディクショナリ …………………… 93
　　―の定義 ……………………… 95
　　―の要素を削除 ……………… 98
　　―の要素を指定 ……………… 96
　　―の要素を追加 ……………… 97
　　―の要素を変更 ……………… 97
ディスプレイ制御シーケンス …… 377
データ型 ……………………………… 64
　　―の変換 ……………………… 67
データ構造 …………………………… 81
データサイエンス ………………… 310
データベース ……………………… 300
手続き型プログラミング ………… 314
デフォルト引数 …………………… 212
等価判定 …………………………… 243
統合開発環境 ………………………… 23
等値判定 …………………………… 243
トップダウン方式 ………………… 347

な行

流れ図 ……………………………… 125
名前の衝突 ………………………… 193
波カッコ ……………………… 94, 106
ネスト ……………………………… 111

は行

配列 ………………………………… 107
バックスラッシュ …………… 39, 122
パッケージ ………………………… 280
ヒアドキュメント …………………… 41
比較演算子 ………………………… 130
引き算 ………………………………… 35
引数 ………………………………… 197
　　―のキーワード指定 ……… 215

413

評価	45
標準出力	263
標準入力	263
標準ライブラリ	271
ファイルオブジェクト	266
ファイル	264
―に書き込む	266
―を閉じる	266
―を開く	266
―を読み込む	295
複合代入演算子	60
部品化	189
不変オブジェクト	253
フラグ	160
プレースホルダー	73
フローチャート	125
ブロック	126
空の―	143
文	120
分岐	121
べき乗	35
変数	49
―の定義	50
―名のルール	52
防御的コピー	250
ボトムアップ方式	347

ま行

マイコン	306
マシン語	22
マップ	107
丸カッコ	47, 102
無限ループ	159
メソッド	232
モード	265
文字コード	268
文字コード体系	268
モジュール	269
―の取り込み	271
―の別名	273
文字列	64
空の―	139
―の大小比較	134
―の反復	37
―の連結	37
文字列リテラル	37
戻り値	203

や行

ユーザーインタフェース	302
優先順位	46
要素	82
読み込み（モード）	266
予約語	52, 55

ら行

ライブラリ	270
リスト	82
―から要素を削除	89
―に要素を追加	88
―の定義	83
―の要素数	88
―の要素を参照	84
―の要素を変更	90
―要素の合計	86
リテラル	36, 237
るい乗	35
ループ	121
ループカウンタ	157
ループ変数	157
例外	22, 323
例外処理	340
ローカル変数	196
ローカル変数の独立性	195
ロワーキャメルケース	55
論理演算子	137

わ行

ワイルドカードインポート	277
和集合	114
割り算	35

■著者
国本大悟（くにもと・だいご）

文学部・史学科卒。大学では漢文を読みつつ、IT系技術を独学。会社でシステム開発やネットワーク・サーバ構築等に携わった後、フリーランスとして独立する。システムの提案、設計から開発を行う一方、プログラミングやネットワーク等のIT研修に力を入れており、大規模SIerやインフラ系企業での実績多数。

須藤秋良（すとう・あきよし）

株式会社フレアリンク CDSO（Chief Data Science Officer）。教育業界のデータ解析や医学研究の統計解析コンサルティングなどを行い、最近ではDjangoやRailsを利用した機械学習Webアプリの開発といったエンジニア業務も務める。
また、これら業務の知見を活かし、データサイエンス系セミナーの研修講師も務め、これまで担当した研修受講者は総数3,000名を越える。

■監修・執筆協力
中山清喬（なかやま・きよたか）

株式会社フレアリンク代表取締役。IBM内の先進技術部隊に所属しシステム構築現場を数多く支援。退職後も研究開発・技術適用支援・教育研修・執筆講演・コンサルティング等を通じ、「技術を味方につける経営」を支援。現役プログラマ。講義スタイルは「ふんわりスパルタ」。

飯田理恵子（いいだ・りえこ）

経営学部 情報管理学科卒。長年、大手金融グループの基幹系システムの開発と保守にSEとして携わる。現在は株式会社フレアリンクにて、ソフトウェア開発、コンテンツ制作、経営企画などを通して技術の伝達を支援中。

■イラスト
高田ゲンキ（たかた・げんき）

イラストレーター／神奈川県出身、ドイツ・ベルリン在住／1976年生。東海大学文学部卒業後、デザイナー職を経て、2004年よりフリーランス・イラストレーターとして活動。書籍・雑誌・Web・広告等で活動中。
ホームページ　https://www.genki119.com
YouTube　https://www.youtube.com/@genkistudio

```
STAFF
編集        小宮雄介              DTP制作           SeaGrape
            片元 諭               カバー・本文デザイン   米倉英弘（細山田デザイン事務所）
編集協力    松村和真／小田麻矢    編集長             玉巻秀雄
```

本書のご感想をぜひお寄せください
https://book.impress.co.jp/books/1122101565

読者登録サービス
アンケート回答者の中から、抽選で図書カード（1,000円分）などを毎月プレゼント。
当選者の発表は賞品の発送をもって代えさせていただきます。
※プレゼントの賞品は変更になる場合があります。

■商品に関する問い合わせ先

このたびは弊社商品をご購入いただきありがとうございます。本書の内容などに関するお問い合わせは、下記のURLまたは二次元バーコードにある問い合わせフォームからお送りください。

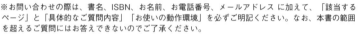

https://book.impress.co.jp/info/

上記フォームがご利用いただけない場合のメールでの問い合わせ先
info@impress.co.jp

※お問い合わせの際は、書名、ISBN、お名前、お電話番号、メールアドレス に加えて、「該当するページ」と「具体的なご質問内容」、「お使いの動作環境」を必ずご明記ください。なお、本書の範囲を超えるご質問にはお答えできないのでご了承ください。

● 電話やFAX でのご質問には対応しておりません。また、封書でのお問い合わせは回答までに日数をいただく場合があります。あらかじめご了承ください。
● インプレスブックスの本書情報ページ https://book.impress.co.jp/books/1122101565 では、本書のサポート情報や正誤表・訂正情報などを提供しています。あわせてご確認ください。
● 本書の奥付に記載されている初版発行日から3年が経過した場合、もしくは本書で紹介している製品やサービスについて提供会社によるサポートが終了した場合はご質問にお答えできない場合があります。

■落丁・乱丁本などの問い合わせ先
FAX 03-6837-5023
service@impress.co.jp
※古書店で購入された商品はお取り替えできません。

スッキリわかるPython入門 第2版

2023年11月 1日 初版発行
2025年 5月11日 第1版第5刷発行

著　者　　国本大悟、須藤秋良
監　修　　株式会社フレアリンク
発行人　　高橋隆志
発行所　　株式会社インプレス
　　　　　〒101-0051　東京都千代田区神田神保町一丁目105番地
　　　　　ホームページ　https://book.impress.co.jp/

本書は著作権法上の保護を受けています。本書の一部あるいは全部について（ソフトウェア及びプログラムを含む）、株式会社インプレスから文書による許諾を得ずに、いかなる方法においても無断で複写、複製することは禁じられています。

Copyright © 2023 Daigo Kunimoto / Akiyoshi Sutoh. All rights reserved.

印刷所　日経印刷株式会社

ISBN978-4-295-01636-6　C3055

Printed in Japan